# 传感器与检测技术
## (第2版)

主　编　郝敏钗　李建朝

**副主编**　郝　娜　张　华　张金红　胡雪花

主　审　王丽佳　王丽芬　王学超

北京理工大学出版社
BEIJING INSTITUTE OF TECHNOLOGY PRESS

## 内 容 简 介

本书根据高等职业教育培养目标的基本要求,从学生的实际岗位需要出发,立足于技能训练为目的,采用项目教学式、案例教学内容进行的编写,内容包括检测技术的基础知识、电阻式、电容式、电感式、压电式、光电式、热电式等多种常用传感器的工作原理、基本结构、测量电路、常用应用,并给出了每种不同传感器的能力训练,以提高学生综合素质和技能水平。

本书可供高等职业院校、成人教育、民办高校等机电类、电气类、仪表类、自动控制及相关专业的学生使用,也可作为相关行业岗位培训用书。

### 图书在版编目(CIP)数据

传感器与检测技术 / 郝敏钗,李建朝主编. -- 2 版
. -- 北京:北京理工大学出版社,2021.6
ISBN 978 - 7 - 5682 - 9971 - 8

Ⅰ. ①传… Ⅱ. ①郝… ②李… Ⅲ. ①传感器 – 检测 – 高等职业教育 – 教材 Ⅳ. ①TP212

中国版本图书馆 CIP 数据核字(2021)第 129126 号

---

出版发行 / 北京理工大学出版社有限责任公司
社　　址 / 北京市海淀区中关村南大街 5 号
邮　　编 / 100081
电　　话 / (010)68914775(总编室)
　　　　　(010)82562903(教材售后服务热线)
　　　　　(010)68944723(其他图书服务热线)
网　　址 / http://www.bitpress.com.cn
经　　销 / 全国各地新华书店
印　　刷 / 唐山富达印务有限公司
开　　本 / 787 毫米 × 1092 毫米　1/16
印　　张 / 12.75　　　　　　　　　　　　　　　责任编辑 / 陈莉华
字　　数 / 280 千字　　　　　　　　　　　　　　文案编辑 / 陈莉华
版　　次 / 2021 年 6 月第 2 版　2021 年 6 月第 1 次印刷　　责任校对 / 周瑞红
定　　价 / 54.00 元　　　　　　　　　　　　　　责任印制 / 施胜娟

# 前　言

本书为电类新形态教材之一，是为大学专科和高职高专教育编写的教材，是编者在多年的教学实践基础上，结合自己的教学经验，在力求通俗、简明的指导思想下编写而成的。本书与企业密切合作，引入企业仿真案例，以培养学生实践动手能力为主线，主要介绍了各种传感器的类型及应用。本书采用项目式、案例教学内容进行编写，内容包括检测技术的基础知识，电阻式、电容式、电感式、压电式、光电式、热电式等多种常用传感器的工作原理、基本结构、测量电路、常用应用，并给出了许多典型拓展训练实例。

传感器已应用于生活、生产、航空航天、科研等各个领域，是各种信息检测系统、自动测量系统、自动报警系统和自动控制系统必不可少的信息采集的"感觉器官"，在现代科学技术和工程领域中占有极其重要的地位和作用。随着传感技术的飞速发展，其应用领域更为广泛普遍，传感器相关知识和技术成为相关技术人员的必备知识，本书还可以作为相关技术人员自学用书。

本书可作为电子信息类、工业自动化、自动控制、机电一体化、计算机应用等专业的教材。可使用本教材的学校可以根据专业要求、实验条件和其他实际情况，对相应章节的内容进行取舍。

本书的编写工作得到了许多同行的热情帮助，并提出了宝贵意见，也得到了编者所在院校领导的关心和支持，在此表示衷心感谢。本书由河北工业职业技术大学郝敏钗、李建朝担任主编，负责全书的设计，郝敏钗完成项目一、项目二的编写及微课的录制，李建朝完成项目三、项目四的编写工作；河北工业职业技术大学王丽佳、王丽芬和河北鑫达钢铁集团王学超主审，负责全书的统稿、核验工作；石家庄职业技术学院郝娜负责本书的项目五、项目六的编写工作；河北工业职业技术大学张华、张金红、胡雪花负责项目四、项目五、项目六的微课录制及习题编写工作；本书所有图稿由参编李鑫、王菲菲、杨静芬、陈旭凤、李香服绘制，并负责进行部分微课的制作和实训的编写工作。

本书的编写特点如下：

（1）本书内容采用循序渐进，难点分散，重点、难点突出并利用案例详细讲解的方式进行编写，内容的选取具有实用性和针对性。

（2）本书采用项目式教学进行编写，每个任务为了提高学生的动手能力都设有拓展训练。

（3）书中选取的案例具有很强的扩展性，在原有电路的基础上进行功能扩展之后就能实现其他应用。

本书在编写过程中，得到了编者所在单位各部门工作人员的大力协助，在此一并表示感谢。由于作者水平有限，疏漏之处在所难免，请广大读者批评指正。

编　者

# 目　录

# 项目一 | 认识传感器

## 任务一 认识传感器及传感器的组成

电饭锅烧饭饭熟后会自动断开，而烧水时却不能自动断开，那是为什么呢？

煮饭的时候随着饭把水分吸干，锅内的温度无法靠大量水蒸气释放，热继电器因过热而断电。而电饭煲烧水时，水沸腾以后是不会跳到保温状态的，因为发热盘中间有个温度传感器，它的设定温度超过了103 ℃，此时感温磁钢就会失去磁性，切断电源，此时电饭煲进入保温状态。

认识传感器

随着社会的进步、科学技术的发展，特别是近20年来，电子技术日新月异，计算机的普及和应用把人类带入了信息时代，各种电气设备充满了人们生产和生活的各个领域，相当大一部分的电气设备都用到了传感器件，传感器技术是现代信息技术中主要技术之一，在国民经济建设中占有极其重要的地位。

人们为了从外界获取信息，必须借助于感觉器官。而单靠人们自身的感觉器官，在研究自然现象和规律以及生产活动中其功能就远远不够了。为了适应这种情况，就需要传感器。因此可以说，传感器是人类五官的延长，又称为电五官。

新技术革命的到来，世界开始步入信息时代。在利用信息的过程中，首先要解决的就是要获取准确、可靠的信息，而传感器是获取自然和生产领域中信息的主要途径与手段。

在现代工业生产尤其是自动化生产过程中，要用各种传感器来监视和控制生产过程中的各个参数，使设备工作在正常状态或最佳状态，并使产品达到最好的质量。因此可以说，没有众多优良的传感器，现代化生产也就失去了基础。

在基础学科研究中，传感器更具有突出的地位。现代科学技术的发展，进入了许多新领域。例如，在宏观上要观察上千光年的茫茫宇宙，微观上要观察小到纳米量级的粒子世界，纵向上要观察长达数十万年的天体演化，短到秒的瞬间反应。此外，还出现了对深化物质认识、开拓新能源、新材料等具有重要作用的各种极端技术研究，如超高温、超低温、超高压、超高真空、超强磁场、超弱磁场等。显然，要获取大量人类感官无法直接获取的信息，没有相适应的传感器是不可能的。许多基础科学研究的障碍，首先就在于对象信息的获取存在困难，而一些新机理和高灵敏度检测传感器的出现，往往会导致该领域内的突破。一些传感器的发展，往往是一些边缘学科开发的先驱。

传感器早已渗透到诸如工业生产、宇宙开发、海洋探测、环境保护、资源调查、医学诊断、生物工程，甚至文物保护等极其广泛的领域。可以毫不夸张地说，从茫茫的太空到浩瀚的海洋，以至各种复杂的工程系统，几乎每一个现代化项目，都离不开各种各样的传感器。世界各国都十分重视这一领域的发展。相信不久的将来，传感器技术将会出现一个飞跃，达到与其重要地位相称的新水平。

## 一、传感器概述

传感器是一种物理装置或生物器官，能够探测、感受外界的信号、物理条件（如光、热、湿度）或化学组成（如烟雾），并将探知的信息传递给其他装置或器官。因此，传感器是能感受规定的被测量，并转换为与之有确定对应关系的有用输出信号（一般为电量）的器件或装置，以满足信息的传输、记录、显示和控制要求，如图1-1所示。

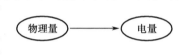

图1-1 传感器转换

人通过五官（视、听、嗅、味、触）接收外界的信息，经过大脑的思维（信息处理），做出相应的动作。而用计算机控制的自动化装置来代替人的劳动，可以说电子计算机相当于人类的大脑（一般俗称电脑），而传感器则相当于人的五官部分（"电五官"）。传感器是获取自然领域中信息的主要途径与手段。"没有传感器就没有现代科学技术"的观点已被全世界所公认。以传感器为核心的检测系统就像神经和感官一样，源源不断地向人类提供宏观与微观世界的种种信息，成为人们认识自然、改造自然的有力工具。

## 二、传感器的组成

传感器是一种能把非电量输入信息转换成电信号输出的器件或装置。传感器又叫变换器、换能器或探测器。传感器一般是由物理、化学和生物等学科的某些效应或原理按照一定的制造工艺研制出来的，它能"感知"被控量或被测量的大小与变化，并进行处理。

传感器由敏感元件、传感元件、信号调节与转换电路和其他辅助电路组成，如图1-2所示。

敏感元件是直接感受非电量，并按照一定规律转换成与被测量有确定关系的其他量（一般仍为非电量）。例如，应变式压力传感器的弹性膜片就是敏感元件，它的作用是将压力转换成膜片的变形。

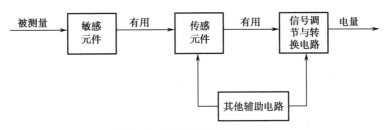

图 1-2 传感器的组成原理框图

传感元件又称变换器，一般情况下，它不直接感受被测量，而是将敏感元件输出的量转换成为电量输出的元件。例如，应力式压力传感器的应变片，它的作用是将弹性膜片的变形转换成电阻值的变化，电阻应变片就是传感元件。

信号调节与转换电路是把转换元件输出的电信号转换为便于记录、处理和控制的电信号的电路。常用的电路有弱信号放大器、电桥、振荡器、阻抗变换器等。

其他辅助元件通常指电源电路（交、直流）及其外围电路。

在实际应用中，传感器的具体构成视被测对象、转换原理、使用环境及性能要求等具体情况的不同而有很大差异。

## 三、传感器的分类

虽然传感器种类繁多，但都是根据物理学、化学、生物学等学科的规律、特性和效应设计而成的。一种被测量对象可以用不同传感器来测量，而同一原理的传感器通常又可测量多种非电量，因此分类方法各不相同。一般常用的分类方法有以下几种。

### 1. 按被测物理量分类

传感器的输入非电量大致可分为热工量、机械量、物性和成分量及状态量 4 大类。具体分类如表 1-1 所示。

表 1-1 被测非电量的分类

| 输入非电量 | 测量参数 |
| --- | --- |
| 热工量 | 温度、热量、比热容、热流、热分布、压力、压差、真空度、流量、流速、风速、物位、液位、界面 |
| 机械量 | 位移（角位移）、长度（尺寸、厚度、角度等）、力、应力、力矩、质量、流速、线速度、角速度、振动、加速度、噪声 |
| 物性和成分量 | 气体化学成分、液体化学成分、酸碱度、盐度、浓度、黏度、湿度、密度 |
| 状态量 | 颜色、透明度、颗粒度、硬度、磨损度、裂纹、缺陷、泄漏、表面质量 |

### 2. 按工作原理分类

按工作原理来分，可将传感器分为振动传感器、湿敏传感器、磁敏传感器、气敏传感器、真空度传感器和生物传感器等。

### 3. 按信号变换特征分类

从能量的观点来分，可将传感器分为有源传感器和无源传感器。

有源传感器将非电量转换为电量，被称为能量转换型传感器，也叫换能器，如压电式、热电式、电磁式传感器等。通常和测量电路、放大电路配合使用，如热电偶温度计、压电式加速度计。

无源传感器又称为能量控制型传感器。它本身不是一个换能器，被测非电量仅对传感器的能量起控制或调节作用，所以必须具有辅助电源。此类传感器有电阻式、电容式和电感式传感器等，常用于电桥和谐振电路的测量，如电阻应变片。

## 四、传感器的命名

传感器的命名由主题词加4级修饰语构成。

（1）主题词——传感器。

（2）第一级修饰语——被测量，包括修饰被测量的定语。

（3）第二级修饰语——转换原理，一般可后续以"式"字。

（4）第三级修饰语——特征描述，指必须强调的传感器结构、性能、材料特征、敏感元件及其他必要的性能特征，一般可后续以"型"字。

（5）第四级修饰语——主要技术指标（如量程、精确度、灵敏度等）。

## 五、传感器的应用

日常生活中也在大量使用各种各样的传感器，如家庭生活、计算机技术、医疗领域、航空航天、汽车领域等。

家用电器中如电饭煲可以利用传感器进行温度的调整、洗衣机可以运用传感器进行液位的检测、燃气灶利用传感器可以进行天然气是否泄漏的检测等。各种电器应用传感器如图1-3所示。

图1-3　传感器在家用电器中的应用

传感器在医疗领域的应用非常广泛，医学上利用传感器进行超声检测、图像处理、信息提取、疾病的诊断与治疗，如图1-4所示为传感器在医疗中的应用。

传感器在汽车电控系统中的应用也非常广泛，能够非常准确地采集汽车的工作状态信息，如油量、温度、湿度、车速等，普通汽车上用到的传感器有10～20种，高级豪华汽车上有上百种。如图1-5所示为传感器在汽车控制中的应用。

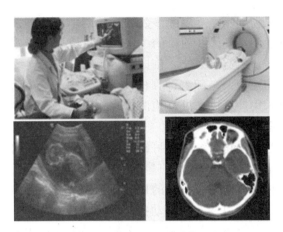

图1-4　传感器在医疗领域中的应用

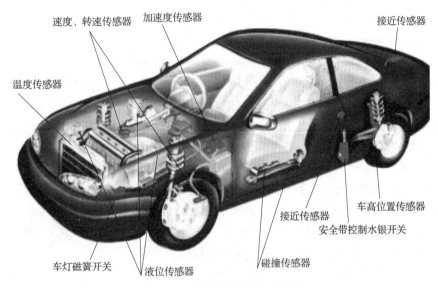

图1-5　传感器在汽车中的应用

## 六、检测技术的概念与作用

检测是产品检验和质量控制的重要阶段。借助于检测工具对产品进行质量评价是人们十分熟悉的。这是检测技术重要的应用领域。但传统的检测方法只能将产品区分为合格品和废品，起到产品验收和废品剔除的作用。这种被动检测方法，对废品的出现并没有预先防止的能力。在传统检测技术基础上发展起来的主动检测技术或称之为在线检测技术使检测和生产加工同时进行，及时地用检测结果对生产过程主动地进行控制，使之适应生产条件的变化或自动地调整到最佳状态。这样检测的作用已经不只是单纯的检查产品的最终结果，而且要过问和干预造成这些结果的原因，从而进入质量控制的领域。

检测技术在大型设备安全经济运行监测中得到广泛应用。电力、石油、化工、机械等行业的一些大型设备通常在高温、高压、高速和大功率状态下运行，保证这些关键设备安全运行在国民经济中具有重大意义。为此，通常设置故障监测系统以对温度、压力、流量、转速、振动和噪声等多种参数进行长期动态监测，以便及时发现异常情况，加强故障预防，达到早期诊断的目的。这样做可以避免严重的突发事故，保证设备和人员安全，提高经济效益。另外，在日常运行中，这种连续监测可以及时发现设备故障前兆，采取预防性检修。随着计算机技术的发展，这类监测系统已经发展到故障自诊断系统。可以采用计算机来处理检测信息，进行分析、判断，及时诊断出设备故障并自动报警或采取相应的对策。

检测技术和装置是自动化系统中不可缺少的组成部分。任何生产过程都可以看作是"物流"和"信息流"组合而成，反映物流的数量、状态和趋向的信息流则是人们管理和控制物流的依据。人们为了有目的地进行控制，首先必须通过检测获取有关信息，然后才能进行分析判断以便实现自动控制。所谓自动化，就是用各种技术工具与方法代替人来完成检测、分析、判断和控制工作。一个自动化系统通常由多个环节组成，分别完成信息获取、信息转换、信息处理、信息传送及信息执行等功能。在实现自动化的过程中，信息的获取与转换是极其重要的组成环节，只有精确及时地将被控对象的各项参数检测出来并转换成易于传送和处理的信号，整个系统才能正常地工作。因此，自动检测与转换是自动化技术中不可缺少的组成部分。

检测技术的完善和发展推动着现代科学技术的进步。人们在自然科学各个领域内从事的研究工作，一般是利用已知的规律对观测、试验的结果进行概括、推理。从而对所研究的对象取得定量的概念并发现它的规律性，然后上升到理论。因此，现代化检测手段所达到的水平在很大程度上决定了科学研究的深度和广度。检测技术达到的水平愈高，提供的信息愈丰富、愈可靠，科学研究取得突破性进展的可能性就愈大。此外，理论研究的一些成果，也必须通过实验或观测来加以验证，这同样离不开必要的检测手段。

从另一方面看，现代化生产和科学技术的发展也不断地对检测技术提出新的要求和课题，成为促进检测技术向前发展的动力。科学技术的新发现和新成果不断应用于检测技术中，也有力地促进了检测技术自身的现代化。

检测技术与现代化生产和科学技术的密切关系，使它成为一门十分活跃的技术学科，几乎渗透到人类的一切活动领域，发挥着愈来愈大的作用。

## 七、检测系统的基本组成

一个完整的检测系统或检测装置通常是由传感器、测量电路和显示记录装置等部分组成，分别完成信息获取、转换、显示和处理等功能。当然其中还包括电源和传输通道等不可缺少的部分。图1-6给出了检测系统的组成框图。

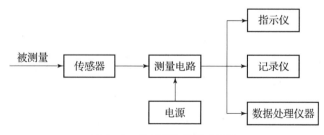

图1-6 检测系统的组成框图

### 八、任务练习题

（1）传感器是能够感受（　　　　　）并按照一定规律转换成（　　　　　）的器件或装置。

（2）传感器由（　　　　　）、（　　　　　）、信号调节和转换电路和（　　　　　）组成。

（3）传感器按被测物理量分类，传感器的输入非电量大致可分为（　　　　　）、（　　　　　）物性和成分量以及状态量四大类。

（4）简述检测系统的构成。

（5）传感器是如何命名的？其代号包括哪几部分？

# 任务二　传感器的基本特性

传感器特性

传感器的基本特性是指系统的输入和输出的关系特性，即系统的输入信号 $x(t)$ 与输出信号 $y(t)$ 之间的关系。传感器的基本特性主要分为静态特性和动态特性。

## 一、传感器的静态特性

静态特性表示传感器在被测量各个值处于稳定状态时的输入输出关系。也即当输入量为常量，或变化极慢时，这一关系就称为静态特性。

### 1. 非线性度

标定曲线与拟合直线的偏离程度就是非线性度，如图 1-7 所示。它们间的最大偏差称为非线性误差，可用下式表示：

$$非线性度 = B/A \times 100\%$$

式中　　$A$——输出满量程值；

　　　　$B$——实际曲线与拟合直线之间的最大偏差。

### 2. 灵敏度（$S$）

灵敏度是指传感器输出的变化量 $\Delta y$ 与引起该变化量的输入变化量 $\Delta x$ 之比，即 $S = \Delta y / \Delta x$，如图 1-8 所示。

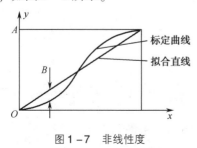

图 1-7　非线性度　　　　　　图 1-8　灵敏度示意图

### 3. 迟滞现象（回程误差）

测试装置在输入量由小增大和由大减小的测试过程中，对于同一个输入量所得到的两个数值不同的输出量之间差值最大者为 $h_{max}$，如图 1-9 所示，则定义回程误差为：

$$回程误差 = h_{max}/A \times 100\%$$

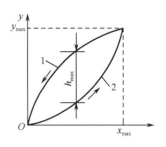

图 1-9　迟滞误差

#### 4. 其他指标

其他指标主要有三个：精密度、准确度、精确度，如图 1-10 所示。

准确度就是测量值对于真值的偏离程度；

精密度就是测量相同对象时，每次测量得到的不同测量值的离散偏差程度。

 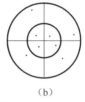 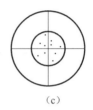

（a）　　　　　　　　（b）　　　　　　　　（c）

图 1-10　其他指标

（a）准确度低而精密度高；（b）准确度高而精密度低；（c）精确度高

#### 5. 分辨率和分辨力

在规定测量范围内所能检测的输入量的最小变化量。显然分辨率（力）越高，那么它对于最小变化量的检测值就越小。

## 二、传感器的动态特性及动态特性指标

传感器的动态响应即为传感器对输入的动态信号（周期信号、瞬变信号、随机信号）所产生的输出。因此传感器的动态响应与输入类型有关。对系统响应测试时，常采用正弦和阶跃两种输入信号。这是由于任何周期函数都可以用傅里叶级数分解为各次谐波分量，并把它近似地表示为这些正弦量之和。而阶跃信号则是最基本的瞬变信号。通常描述传感器动态特性指标的方法是给传感器输入一个阶跃信号，并给定初始条件，求出传感器微分方程的特解，以此作为动态特性指标的描述和表示法。

下面分析传感器在阶跃输入下的响应情况。

单位阶跃输入：

$$X(t) = \begin{cases} 0, & t < 0 \\ 1, & t \geq 0 \end{cases}$$

#### 1. 零阶传感器的响应

如图 1-11 所示，其阶跃响应和输入成正比。

#### 2. 一阶传感器的响应

$$Y(t) = 1 - e^{-t/\tau} \qquad (1-1)$$

式（1-1）所对应的曲线如图 1-12 所示，由图可知，随着时间的推移，$Y(t)$ 越来越接近 1。当 $t = \tau$ 时，$Y(t) = 0.63$，时间常数 $\tau$ 是决定一阶传感器响应速度的重要参数。

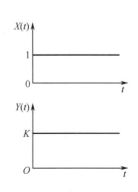

图 1-11　零阶传感器的
单位阶跃响应

### 3. 二阶传感器的响应

按阻尼比 $\xi$ 不同，阶跃响应可分为三种情况：

（1）欠阻尼（$\xi < 1$）时：

$$Y(t) = -\frac{e^{-\xi\omega_0 t}}{\sqrt{1-\xi^2}}K\sin(\sqrt{1-\xi^2}\,\omega_0 t + \varphi) + K$$

式中，$\varphi = \arcsin\sqrt{1-\xi^2}$；$K$ 为传感器的灵敏度。

（2）过阻尼（$\xi > 1$）时：

$$Y(t) = -\frac{\xi + \sqrt{\xi^2-1}}{2\sqrt{\xi^2-1}}Ke^{(-\xi+\sqrt{\xi^2-1})\omega_0 t} +$$

$$\frac{\xi - \sqrt{\xi^2-1}}{2\sqrt{\xi^2-1}}Ke^{(-\xi-\sqrt{\xi^2-1})\omega_0 t} + K \qquad (1-2)$$

（3）临界阻尼（$\xi = 1$）时：

$$Y(t) = -(1+\omega_0 t)Ke^{-\omega_0 t} + K \qquad (1-3)$$

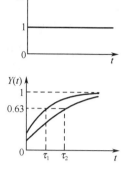

图 1-12　一阶传感器的
阶跃响应

以上三种阶跃响应曲线示于图 1-13 中。由图可知，只有 $\xi < 1$ 时，阶跃响应才出现过冲，即超过了稳态值。由上式表明欠阻尼情况下的振荡频率为 $W_d$，$W_d$ 为存在阻尼时的固有频率。在实际应用中，为了兼顾有短的上升时间和小的过冲量，阻尼比 $\xi$ 一般取 0.7 左右。二阶传感器阶跃响应的典型性能指标可由图 1-14 表示。

上升时间 $t_r$：当输出由稳态值的 10% 变化到稳态值的 90% 时所需的时间。二阶传感器系统中，当 $\xi = 0.7$ 时 $t_r = \dfrac{2}{\omega_0}$。

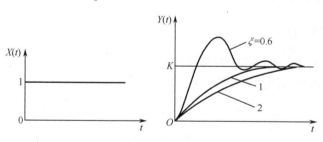

图 1-13　二阶传感器的单位阶跃响应

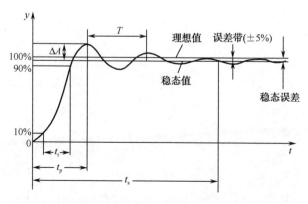

图 1-14　二阶传感器表示动态性能指标的阶跃响应曲线

稳定时间 $t_s$：系统从阶跃输入开始到系统稳态在稳态值的给定百分比时所需的最小时间。对稳态值给定百分比为 ±5% 的二阶传感器系统，在 $\xi = 0.7$ 时，$t_s$ 最小（$t_s = 3/\omega_0$）。$t_r$ 和 $t_s$ 都是反映系统响应速度的参数。

峰值时间 $t_p$：阶跃响应曲线达到第一个峰值所需的时间。

超调量 $\sigma\%$：通常用过渡过程中超过稳态值的最大值 $\Delta A$（过冲）与稳态值之比的百分数表示。它与 $\xi$ 有关，$\xi$ 愈大，$\sigma\%$ 愈小，其关系可用下式表示：

$$\xi = \frac{1}{\sqrt{\left(\dfrac{\pi}{\ln \dfrac{\sigma}{100}}\right)^2 + 1}} \tag{1-4}$$

通常二阶传感器的动态参数由实验方法测定，即输入阶跃信号，记录传感器的响应曲线，由此测出过冲量 $\Delta A_0$，利用式（1-4）可算出传感器阻尼比 $\xi$，测出衰减振荡周期 $T$，即可由 $T_0 = T\sqrt{1-\xi^2}$ 算出传感器的固有周期或固有频率。上升时间 $t_r$、稳定时间 $t_s$ 及峰值时间 $t_p$ 均可在相应曲线上求得。

由上可知，频域分析和时域分析均可以描述传感器的动态特性。实际上，它们之间有一定的内在联系。实践和理论分析表明，传感器的频率上限 $f_n$ 和上升时间 $t_r$ 的乘积是一个常数，$f_n \cdot t_r = 0.35 \sim 0.45$。当超调量 $\sigma\% < 5\%$ 时，$f_n \cdot t_r$ 用 0.35 计算比较准确，当 $\sigma\% > 5\%$ 时用 0.45 比较合适。

传感器还具有很多静态和动态特性，它们将广泛地应用到各个领域，特别是现在刚开始研究的物联网，将大量地、广泛地使用各类传感器。我们将在以后学习和工作中，会更加深入细致地研究。

## 三、任务练习题

（1）传感器的静态特性指标有哪些？

（2）什么是传感器的动态特性？

# 项目二 / 力和压力的检测

## 任务一　电子秤的设计与制作

### 一、任务描述

利用电阻应变式传感器进行电子秤的设计和制作，如图 2–1 所示，要求测量范围为 2 kg，其分辨力为 1 g，测量精度为 0.5% RD ±1 字，并能够利用数码管显示测量值。

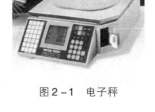

### 二、任务目标

（1）掌握电阻应变式传感器的结构和工作原理。
（2）掌握电阻应变式传感器的测量电路。
（3）能够利用电阻应变式传感器进行力的测量。

图 2–1　电子秤

### 三、知识链接

#### 1. 电阻式传感器

电阻式传感器就是利用一定的方式将被测量的变化转化为敏感元件电阻值的变化，进而通过电路变成电压或电流信号输出的一类传感器。可用于各种机械量和热工量的检测。它的结构简单，性能稳定，成本低廉，因此，在许多行业得到了广泛应用。

电阻应变式传感器
测量原理

目前，常用的电阻传感器主要有电阻应变片、热电阻、光敏电阻、气敏电阻和湿敏电阻等几大类。

#### 2. 电阻应变式传感器

1）金属的应变效应

根据电阻定律，金属丝的电阻随着它所受的机械变形（拉伸或压缩）的大小而发生相应的变化，这种现象称为金属的电阻应变效应。电阻应变片的工作原理就是基于金属的应变效应设计而成的。

金属丝的电阻会随应变而发生变化是因为金属丝的电阻（$R = \rho L/A$）与材料的电阻率（$\rho$）及其几何尺寸（长度 $L$ 和截面积 $A$）有关，而金属丝在承受机械变形的过程中，这3种指标都要发生变化，因而引起金属丝的电阻变化。

2）电阻应变片的结构和工作原理

（1）电阻应变片的结构。

电阻应变片（简称应变片或应变计）种类繁多，根据需要可设计成各种形式、各种类型的电阻应变片，但其基本结构都大体相同。基本结构如图 2-2 所示。

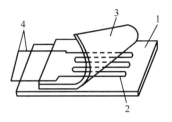

图 2-2 所示为丝绕式应变片的构造示意图。它以直径为 0.025 mm 左右的、高电阻率的合金电阻丝 2，绕成形如栅栏的敏感栅。敏感栅为应变片的敏感元件，它的作用是感应应变片变化的大小。敏感栅黏结在基底 1 上，基底除能固定敏感栅外，还有绝缘作用；敏感栅上面粘贴有覆盖面 3，敏感栅电阻丝两端焊接引出线 4，用以和外接导线相连。

图 2-2 电阻应变片的基本结构
1—基底；2—电阻丝；
3—覆盖面；4—引出线

（2）电阻应变片的分类。

①按照制作材料的不同，可将电阻应变片分为以下两类：

● 金属式体型——丝式、箔式、薄膜型。

● 半导体式体型——薄膜型、扩散型、外延型、PN 结型。

②按结构分为单片、双片、特殊形状。

③按使用环境分为高温、低温、高压、磁场、水下。

（3）电阻应变式传感器的工作原理。

根据电阻定律，取一根金属丝，如图 2-3 所示，其初始的电阻为

$$R = \rho \frac{L}{A} \tag{2-1}$$

式中　$R$——金属丝的电阻，$\Omega$；

$\rho$——金属丝的电阻率，$\Omega \cdot m$；

$L$——金属丝的长度，m；

$A$——金属丝的截面积，$m^2$。

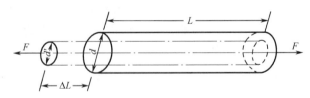

图 2-3 金属导线受力变形情况

当金属丝受拉而伸长 $dL$ 时，其截面积将相应减小 $dA$，电阻率则因金属晶格发生变形等因素的影响也将改变 $d\rho$ 这些量的变化，必然引起金属丝电阻改变 $dR$。

金属丝受拉时，沿轴向伸长，而沿径向缩短，则二者之间的关系为

$$\varepsilon_y = -\mu \varepsilon_x \tag{2-2}$$

式中　$\mu$——金属丝材料的泊松系数。

大量实验证明

$$K_S = \frac{\mathrm{d}R/R}{\varepsilon_x} = (1 + 2\mu) + \frac{\mathrm{d}\rho/\rho}{\varepsilon_x} \qquad (2-3)$$

式中 $K_S$——金属丝的灵敏系数。

$K_S$ 表示金属丝产生单位变形时，电阻相对变化的大小。显然，$K_S$ 越大，单位变形引起的电阻相对变化越大，则越灵敏。

从式（2-3）中可以看出，金属丝的灵敏系数 $K_S$ 受以下两个因数影响：

① $(1 + 2\mu)$：由于金属丝受拉伸后，材料的几何尺寸发生变化而引起。

② $\dfrac{\mathrm{d}\rho/\rho}{\varepsilon_x}$：由于材料发生形变时，其自由电子的活动能力和数量均发生了变化，此值可能是正值，也可能为负值，但作为应变片材料都选为正值，否则会降低灵敏度。

实验表明，应变片的 $\Delta R/R$ 与 $\varepsilon_x$ 的关系在很大范围内仍然有很好的线性关系，即

$$\frac{\Delta R}{R} = K_S \varepsilon_x \quad 或 \quad K_S = \frac{\Delta R/R}{\varepsilon_x} \qquad (2-4)$$

（4）应变片测试原理。

用应变片测量应变或应力时，是将应变片粘贴于被测对象上。在外力作用下，被测对象表面产生微小机械变形，粘贴在其表面上的应变片亦随其发生相同的变化，因此应变片的电阻也发生相应的变化。如果应用仪器测出应变片的电阻值变化 $\Delta R$，则根据式（2-4）可以得到被测量对象的应变值 $\varepsilon_x$。而应力、应变的关系为

$$\sigma = E\varepsilon \qquad (2-5)$$

式中 $\sigma$——试件的应力；

$\varepsilon$——试件的应变。

### 3. 电阻应变式传感器的测量电路

电阻应变片可以把应变的变化转换为电阻的变化，通常为显示与记录应变的大小，并且把电阻的变化再转换为电压或电流的变化，完成上述作用的电路称为电阻应变式传感器的测量电路，最常用的测量电路主要有直流电桥电路和交流电桥电路。

电阻应变式传感器
的测量电路

1）直流电桥电路

直流电桥电路的特点是信号不会受各元件和导线的分布电感和电容的影响，抗干扰能力强，但因机械应变的输出信号小，要求用高增益和高稳定性的放大器放大。图2-4所示为直流电桥电路。

由分压原理得

$$U_o = U_{AB} - U_{AD} = I_1 R_1 - I_2 R_4 = \frac{U R_1}{R_1 + R_2} - \frac{U R_4}{R_3 + R_4} \qquad (2-6)$$

$$U_o = U\left(\frac{R_1}{R_1 + R_2} - \frac{R_4}{R_3 + R_4}\right) = U \frac{R_1 R_3 - R_2 R_4}{(R_1 + R_2)(R_3 + R_4)}$$

$$(2-7)$$

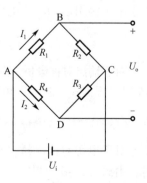

图2-4 直流电桥电路

根据电桥平衡条件，相邻桥臂电阻的比值应相等或相对桥臂电阻的乘积应相等，则当电桥平衡时，$U_o = 0$，即

$$\frac{R_1}{R_2} = \frac{R_4}{R_3} \quad \text{或} \quad R_1 R_3 = R_2 R_4 \tag{2-8}$$

2）直流电桥的工作方式

在实际应用中为提高输出的灵敏度，常将多片应变片接入电桥，根据接入电桥应变片的不同，将直流电桥的工作方式分为半桥单臂工作方式［图2-5（a）］、半桥双臂工作方式［图2-5（b）］和全桥四臂工作方式［图2-5（c）］。

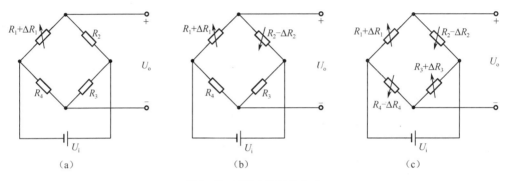

图2-5　直流电桥工作方式

（a）半桥单臂；（b）半桥双臂；（c）全桥四臂

半桥单臂工作电桥是指电桥中只有一个臂接入被测量，其他3个臂采用固定电阻；半桥双臂工作电桥是指如果电桥两个臂接入被测量，另两个为固定电阻，则称为半桥双臂工作电桥，又称为半桥形式；全桥方式是指如果4个桥臂都接入被测量，则称为全桥四臂形式。

当电桥输出端接有放大器时，由于放大器的输入阻抗很高，所以可以认为电桥的负载电阻为无穷大，这时电桥以电压的形式输出。输出电压即为电桥输出端的开路电压，其表达式为式（2-7）。

设电桥为单臂工作状态，即 $R_1$ 为应变片，其余桥臂均为固定电阻。当 $R_1$ 感受被测量产生电阻增量 $\Delta R_1$ 时，由初始平衡条件 $R_1 R_3 = R_2 R_4$，得 $\frac{R_1}{R_2} = \frac{R_4}{R_3}$，则电桥由于 $\Delta R_1$ 产生不平衡引起的输出电压为

$$U_o = \frac{R_2}{(R_1 + R_2)^2} \Delta R_1 U = \frac{R_1 R_2}{(R_1 + R_2)^2} \left( \frac{\Delta R_1}{R_1} \right) U \tag{2-9}$$

对于输出对称电桥，此时 $R_1 = R_2 = R$，$R_3 = R_4 = R'$，当 $R_1$ 臂的电阻产生变化 $\Delta R_1 = \Delta R$ 时，根据式（2-9）可得到输出电压为

$$U_o = U \frac{RR}{(R + R)^2} \left( \frac{\Delta R}{R} \right) = \frac{U}{4} \left( \frac{\Delta R}{R} \right) \tag{2-10}$$

对于电源对称电桥，$R_1 = R_4 = R$，$R_2 = R_3 = R'$。当 $R_1$ 臂产生电阻增量 $\Delta R_1 = \Delta R$ 时，由式（2-9）得

$$U_o = U \frac{RR'}{(R + R')^2} \left( \frac{\Delta R}{R} \right) \tag{2-11}$$

对于等臂电桥，$R_1 = R_2 = R_3 = R_4 = R$，当 $R_1$ 的电阻增量 $\Delta R_1 = \Delta R$ 时，由式（2 - 9）可得输出电压为

$$U_o = U \frac{RR}{(R + R)^2}\left(\frac{\Delta R}{R}\right) = \frac{U}{4}\left(\frac{\Delta R}{R}\right) \tag{2 - 12}$$

由上面 3 种结果可以看出，当桥臂应变片的电阻发生变化时，电桥的输出电压也随着变化。当 $\Delta R \ll R$ 时，电桥的输出电压与应变呈线性关系。还可以看出，在桥臂电阻产生相同变化的情况下，等臂电桥以及输出对称电桥的输出电压要比电源对称电桥的输出电压大，即它们的灵敏度要高。因此，在使用中多采用等臂电桥或输出对称电桥。

3）交流电桥电路

交流电桥是利用电桥输出电流或电压与电桥各参数间的关系进行工作的。此时在桥的输出端接入检流计或放大器。在输出电流时，为了使电桥有最大的电流灵敏度，希望电桥的输出电阻应尽量和指示器内阻相等。

实际上电桥输出后连接的放大器的输入阻抗都很高，比电桥的输出电阻大得多，此时必须要求电桥具有较高的电压灵敏度，当有小的 $\Delta R/R$ 变化时，能产生较大的 $\Delta U$ 值。

交流电桥电路如图 2 - 6 所示，它是由交流电压 $u$ 供电的交流电桥电路，第一臂是应变片，其他 3 臂为固定电阻。应变片未承受应变，此时阻值为 $R_1$，电桥处于平衡状态，电桥输出电压为 0。当承受应变时，产生 $\Delta R$ 的变化，电桥变化不平衡电压输出 $u_o$。

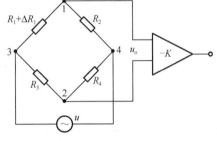

图 2 - 6　交流电桥电路

根据交流电桥电路可知，产生的不平衡电压为

$$
\begin{aligned}
u_o &= u_1 - u_2 = \frac{R_1 + \Delta R_1}{R_1 + \Delta R_1 + R_2}u - \frac{R_3}{R_3 + R_4}u = \frac{\Delta R_1 R_4}{(R_1 + \Delta R_1 + R_2)(R_3 + R_4)}u \\
&= \frac{\dfrac{R_4}{R_3} \cdot \dfrac{\Delta R_1}{R_1}}{\left(1 + \dfrac{\Delta R_1}{R_1} + \dfrac{R_2}{R_1}\right)\left(1 + \dfrac{R_4}{R_3}\right)}u
\end{aligned} \tag{2 - 13}
$$

设 $n = R_2/R_1$，并考虑电桥初始平衡条件 $R_2/R_1 = R_4/R_3$，以及将式（2 - 13）进行变换得

$$u_o \approx u \frac{n}{(1 + n)^2}\frac{\Delta R_1}{R_1} \tag{2 - 14}$$

电桥电压灵敏度为

$$S_0 = \frac{u_o}{\dfrac{\Delta R_1}{R_1}} \approx u \frac{n}{(1 + n)^2} \tag{2 - 15}$$

由式（2 - 15）可以发现，电桥的电压灵敏度正比于电桥供电电压，电桥电压越高，电压灵敏度越高。但是电桥电压的提高受两方面的限制，一是应变片的允许温升，

二是应变电桥电阻的温度误差，所以一般供桥电压为 1~3 V。

4）电桥的线路补偿

（1）零点补偿。

在实际应用中发现，要使电桥的 4 个桥臂电阻值相同是不可能的，往往由于外界的因素变化会使电桥不能满足初始平衡条件（即 $U_o \neq 0$）。因此，为了解决这一问题，可以在一对桥臂电阻乘积较小的任一桥臂中串联一个可调电阻进行调节补偿。如图 2 - 7 所示，进行调节可调电阻使得电桥平衡。

（2）温度补偿。

环境温度的变化也会引起电桥电阻的变化，导致电桥的零点漂移，这种因温度变化产生的误差称为温度误差。产生的原因有：电阻应变片的电阻温度系数不一致；应变片材料与被测试件材料的线胀系数不同，使应变片产生附加应变。因此要进行温度补偿，以减少或消除由此而产生的测量误差。电阻应变片的温度补偿方法通常有线路补偿法和应变片自补偿两大类。

①线路补偿法。

线路补偿法也称补偿片法。应变片通常是作为平衡电桥的一个臂测量应变的，图 2 - 8 中 $R_1$ 为工作片，$R_2$ 为补偿片。工作片 $R_1$ 粘贴在试件上需要测量应变的地方，补偿片 $R_2$ 粘贴在一块不受力且与试件相同的材料上，这块材料自由地放在试件上或附近，如图 2 - 8（b）所示。当温度发生变化时，工作片 $R_1$ 和补偿片 $R_2$ 的电阻都发生变化，而它们的温度变化相同，$R_1$ 和 $R_2$ 为同类应变片，又贴在相同的材料上，因此 $R_1$ 和 $R_2$ 分别接入电桥的相邻两桥臂，则因温度变化引起的电阻变化 $\Delta R_1$ 和 $\Delta R_2$ 的作用相互抵消，这样就起到温度补偿的作用。

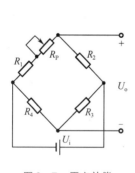

图 2 - 7　零点补偿

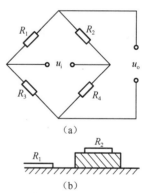

图 2 - 8　线路补偿法

（a）电路；（b）$R_1$ 与 $R_2$ 的放置位置

线路补偿法的优点是方法简单、方便，在常温下补偿效果较好，其缺点是在温度变化梯度较大的条件下，很难做到工作片与补偿片处于温度完全一致的情况，因而影响补偿效果。

②应变片自补偿法。

粘贴在被测部位上的是一种特殊应变片，当温度变化时，产生的附加应变为零或相互抵消，这种特殊应变片称为应变片自补偿法。如双金属敏感栅自补偿应变片，这种应变片也称为组合式自补偿应变片，它是利用两种电阻丝材料的电阻温度系数不同（一个为正，一个为负）的特性，将二者串联绕制成敏感栅，如图 2 – 9 所示。若两段敏感栅 $R_1$ 和 $R_2$ 由于温度变化而产生的电阻变化为 $\Delta R_{1t}$ 和 $\Delta R_{2t}$，大小相等而符号相反，就可以实现温度补偿，电阻 $R_1$ 和 $R_2$ 的比值关系可由式（2 – 16）决定，即

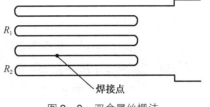

图 2 – 9　双金属丝栅法

$$\frac{R_1}{R_2} = \frac{\Delta R_{2t}/R_2}{\Delta R_{1t}/R_1} \tag{2 – 16}$$

而其中 $\Delta R_{1t} = -\Delta R_{2t}$。

这种补偿效果较前者好，在工作温度范围内可达到 $\pm 0.14 \mu\varepsilon/℃$。

**4. 电阻应变式传感器的应用**

1）应变式加速度传感器

应变式加速度传感器的结构如图 2 – 10 所示，测量加速度时，将传感器壳体和被测对象刚性连接，当有加速度作用在壳体上时，由于梁的刚度很大，惯性质量也以同样的加速度运动。其产生的惯性力正比于加速度 $a$ 的大小，惯性力作用在梁的端部，使梁产生变形，限位块 4 可保护传感器在过载时不被破坏。这种传感器在低频振动测量中得到了广泛的应用。

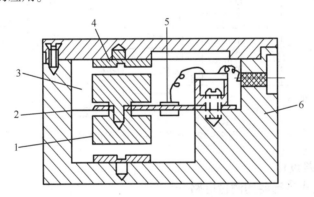

图 2 – 10　应变式加速度传感器

1—质量块；2—等强度梁；3—空气；4—限位块；5—应变片；6—壳体

2）应变式位移传感器

应变式位移传感器是把被测位移量转变成弹性元件的变形和应变，然后通过应变计和应变电桥，输出正比于被测位移的电量。它可用来近测或远测静态与动态的位移量。因此，既要求弹性元件刚度小，对被测对象的影响反力小，又要求系统的固有频率高，动态频响特性好。

图 2 – 11（a）所示为国产 YW 系列应变式位移传感器结构。这种传感器由于采用了悬臂梁 – 螺旋弹簧串联的组合结构，因此它适用于较大位移（量程大于 10 ~ 100 mm）的测量。其工作原理如图 2 – 11（b）所示。

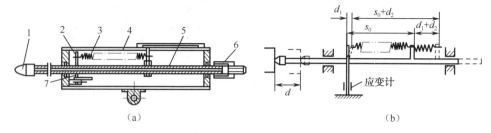

图 2-11　应变式位移传感器结构

（a）结构；（b）工作原理

1—测量头；2—弹性元件；3—弹簧；4—外壳；5—测量杆；6—调整螺母；7—应变计

## 四、任务实施

### 1. 电子秤的整体设计框架及原理图

用电阻应变式传感器设计的电子秤的整体设计原理如图 2-12 所示。

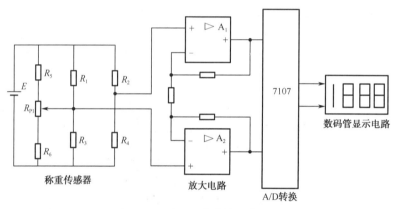

图 2-12　电子秤的整体设计原理

### 2. 各部分电路设计

1）电阻应变式传感器的测量电路

常用的电阻应变式桥式测量电路如图 2-13 所示。桥式测量电路有 4 个电阻，电桥的一个对角线接入工作电压 $E$，另一个对角线为输出电压 $U_o$。其特点是：当 4 个桥臂电阻达到相应的关系时，电桥输出为零；否则就有电压输出，可利用灵敏检流计来测量，所以电桥能够精确地测量微小的电阻变化。

2）放大电路

典型的差动放大器电路如图 2-14 所示，只需高精度 LM358 和几只电阻器，即可构成性能优越的仪表用放大器。它广泛应用于工业自动控制、仪器仪表、电气测量等数字采集的系统中。

3）A/D 转换电路

A/D 转换电路如图 2-15 所示。

4）显示电路

显示电路设计如图 2-16 所示。

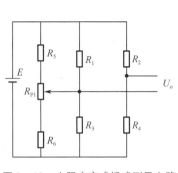

图 2-13 电阻应变式桥式测量电路

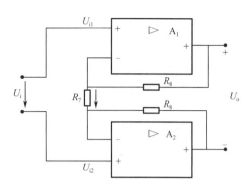

图 2-14 差动放大器电路

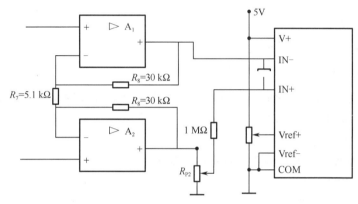

图 2-15 A/D 转换电路

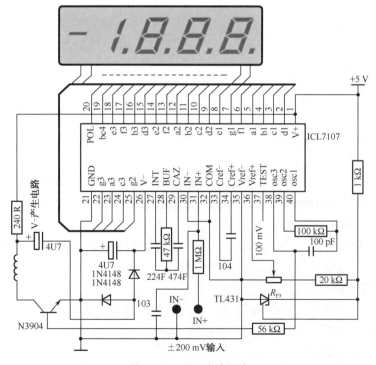

图 2-16 显示电路设计

### 3. 电路调试

（1）首先在秤体自然下垂已无负载时调整 $R_{P1}$，使显示器准确显示零。

（2）再调整 $R_{P2}$，使秤体承担满量程质量（本电路选满量程为 2 kg）时显示满量程值（调节 $R_{P2}$ 衰减比）。

（3）然后在秤钩下悬挂 1 kg 的标准砝码，观察显示器是否显示 1.000，如有偏差，可调整 $R_{P3}$ 值，使之准确显示 1.000。

（4）重新进行（2）、（3）步骤，使之均满足要求为止。

（5）最后测量 $R_{P2}$、$R_{P3}$ 电阻值，并用固定精密电阻予以代替。$R_{P1}$ 可引出表外调整。测量前先调整 $R_{P1}$，使显示器回零。

## 五、拓展知识

### （一）黏合剂和应变片的粘贴技术

#### 1. 黏合剂

电阻应变片工作时，总是被粘贴到试件上或传感器的弹性元件上。在测试被测量时，黏合剂所形成的胶层起着非常重要的作用，它应准确无误地将试件或弹性元件的应变传递到应变片的敏感栅上去。所以黏合剂和粘贴技术对于测量结果有直接影响，不能忽视它们的作用。因此对黏合剂有以下要求：

（1）有一定的黏结强度。

（2）能准确传递应变。

（3）蠕变小。

（4）机械滞后小。

（5）耐疲劳性能好，韧性好。

（6）长期稳定性好。

（7）具有足够的稳定性能。

（8）对弹性元件和应变片不产生化学腐蚀作用。

（9）有适当的储存期。

（10）有较大的使用温度范围。

#### 2. 应变计粘贴工艺

质量优良的电阻应变片和黏合剂，只有在正确的粘贴工艺基础上才能得到良好的测试结果，因此正确的粘贴工艺对保证粘贴质量、提高测试精度关系很大。

1）应变片检测

根据测试要求而选用的应变片，要做外观检查和电阻值的检查，对黏度要求较高的测试还应测试应变片的灵敏系数和横向灵敏度。

（1）外观检查。

线栅或箔栅的排列是否整齐均匀，是否有造成短路、断路的部位或有锈蚀斑痕；引出线焊接是否牢固；上下基底是否有破损部位。

（2）电阻值检查。

对经过外观检查合格的应变片，要逐个进行电阻值测量，其值要求与标准件相比准确到 0.05 Ω，电桥桥臂用的应变片电阻值应尽量相同。

2）修整应变片

（1）对没有标出中心线标记的应变片，应在其基底上标出中心线。

（2）如有需要时可对应变片的长度和宽度进行修整，但修整后的应变片不可小于规定的最小长度和宽度。

（3）对基底较光滑的胶底应变片，可用细纱布将基底轻轻地稍许打磨，并用溶剂洗净。

### 3. 试件表面处理

为了使应变片牢固地粘贴在试件表面上，必须将要粘贴应变片的试件表面部分使之平整光洁，无油漆、锈斑、氧化层、油污和灰尘等。

1）画粘贴应变片的定位线

为了保证应变片粘贴位置的准确，可用画笔在试件表面画出定位线。粘贴时应使应变片的中心线与定位线对准。

2）粘贴应变片

在处理好的粘贴位置和应变片基底上，各涂抹一层薄薄的黏合剂，稍待一段时间（视黏合剂种类而定），然后将应变片粘贴到预定位置。在应变片上面放一层玻璃纸或一层透明的塑料薄膜，然后用手滚压挤出多余的黏合剂，黏合剂层的厚度尽量减薄。

3）黏合剂的固化处理

对粘贴好的应变片，依黏合剂固化处理。

### 4. 应变片黏合质量的检查

1）外观检查

最好用放大镜观察黏合层是否有气泡，整个应变片是否全部粘贴牢固，有无造成短路、断路等危险的部位，还要观察应变片的位置是否正确。

2）电阻值检查

应变片的电阻值在粘贴前后不应有较大的变化。

3）绝缘电阻检查

应变片电阻丝与试件之间的绝缘电阻一般应大于 200 MΩ，用于绝缘电阻的兆欧表，其电压一般不应高于 250 V，而且检查通电时间不宜过长，以防应变片被击穿。

### （二）常见的弹性敏感元件

#### 1. 应变

应变是指物体在外部压力或拉力作用下发生形变的现象。

#### 2. 弹性应变

弹性应变是指当外力去除后，物体能够完全恢复其尺寸和形状的应变。

#### 3. 弹性元件

弹性元件是指具有弹性应变特性的物体。

物体因外力作用而改变原来的尺寸或形状，称为变形。如果外力去掉后能恢复原来的尺寸和形状，那么这种变形称为弹性变形，具有这类特性的物体称为弹性元件，在传感器中用于测量的弹性元件称为弹性敏感元件。

弹性敏感元件的作用是把力或压力转换成应变或位移，然后再由传感器将应变或位移转换成电信号。

#### 4. 常见的变换力的弹性敏感元件

1）弹性圆柱

圆柱式力传感器的弹性元件分为实心和空心两种，如图2-17所示。

在轴向布置一个或几个应变片，在圆周方向布置同样数目的应变片，后者取符号相反的横向应变，从而构成了差动对。由于应变片沿圆周方向分布，所以非轴向载荷分量被补偿，在与轴线任意夹角 $\alpha$ 方向，其应变为

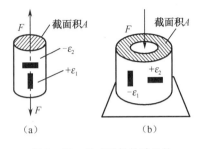

图2-17　柱式弹性敏感元件
(a) 实心；(b) 空心

$$\varepsilon_\alpha = \frac{\varepsilon_1}{2}\left[(1-\mu)+(1+\mu)\cos 2\alpha\right] \quad (2-17)$$

式中　$\varepsilon_1$——沿轴向的应变；

　　　$\mu$——弹性元件的泊松比。

当 $\alpha = 0°$ 时，$\varepsilon_\alpha = \varepsilon_1 = \dfrac{F}{AE}$；当 $\alpha = 90°$ 时，$\varepsilon_\alpha = \varepsilon_2 = -\mu\varepsilon_1 = -\mu\dfrac{F}{AE}$。其中，$E$ 为弹性元件的杨氏模量，$\varepsilon_2$ 为沿横向的应变。

对于实心和空心截面的圆柱弹性敏感元件，上述表达式都是适用的。并且空心截面的弹性元件在某些方面优于实心元件，因为在同样的截面积下，圆柱的直径可以增大。因此圆柱的抗弯能力大大提高，以及由于温度变化而引起的曲率半径相对变化量大大减小。但是空心圆柱的壁太薄时，受压力作用后将产生较明显的桶形变形而影响精度。所以，一般空心截面的圆柱测量小量程力，而实心截面的圆柱测量大量程力。

2）悬臂梁式

（1）等截面梁式。

一端固定，另一端自由，如图2-18所示，厚度为 $h$，长度为 $L_0$，自由端力 $F$ 的作用点到应变片的距离为 $L$，该点的协强为

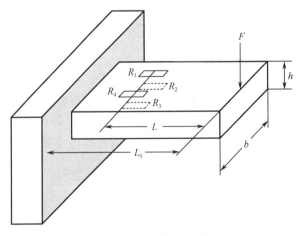

图2-18　等截面悬臂梁

$$\sigma = \frac{6FL}{bh^2}; \quad \varepsilon = \frac{\sigma}{E} = \frac{6FL}{Ebh^2} \tag{2-18}$$

$$\varepsilon = \frac{6FL}{EhA} \quad (A = bh：截面) \tag{2-19}$$

此位置上、下两侧分别粘有 4 只应变片，$R_1$、$R_4$ 同侧；$R_3$、$R_2$ 同侧。这两侧的应变方向刚好相反，且大小相等，可构成全差动电桥。

（2）等应力（等强）梁式变截面梁。

变截面梁如图 2-19 所示，通常采用厚度 $h$ 不变，宽度 $b$ 改变来满足

$$\frac{L}{b} = 常数 \tag{2-20}$$

其他讨论与等截面梁式荷重传感器相同。

3）变换压力的弹性敏感元件

（1）圆形膜片。

当流体的压强作用在薄板上，薄板就会产生形变（应变），贴在另一侧的应变片随之形变（应变）。

（2）应变分析。

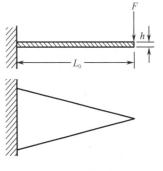

图 2-19　变截面悬臂梁

对于半径为 $r_0$ 沿圆周固定的膜片，片内任意半径 $r$ 处在压强 $p$ 的作用下的应变（膜厚为 $h$）如图 2-20 所示。

切向应变（与半径垂直）为

$$\varepsilon_t = \frac{3}{8h^2 E} \left[ (1 - \mu^2)(r_0^2 - r^2) \right] p \tag{2-21}$$

只有拉伸。

径向应变（指向圆心）为

$$\varepsilon_r = \frac{3}{8h^2 E} \left[ (1 - \mu^2)(r_0^2 - 3r^2) \right] p \tag{2-22}$$

可拉可压（可正可负）。

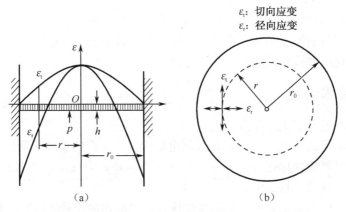

图 2-20　薄圆板应变图

（a）薄圆板受均匀压力后的应变分布；（b）薄圆板受均匀压力后的应变方向

**5. 弹性敏感材料的弹性特性**

弹性特性是指作用在弹性敏感元件上的外力与由该外力所引起的相应变形（应变、位移或转角）之间的关系称为弹性元件的弹性特性。

1）刚度

刚度是弹性敏感元件在外力作用下抵抗变形的能力。

2）灵敏度

灵敏度就是弹性敏感元件在单位力作用下产生变形的大小，它是刚度的倒数。即与刚度相似，如果元件弹性特性是线性的，则灵敏度为常数；若弹性特性是非线性的，则灵敏度为变数。

3）弹性滞后

实际的弹性元件在加、卸载的正、反行程中变形曲线是不重合的，如图 2-21 所示，这种现象称为弹性滞后现象。曲线 1 是加载曲线，曲线 2 是卸载曲线，曲线 1、2 所包围的范围称为滞环。产生弹性滞后的原因主要是弹性敏感元件在工作过程中分子间存在内摩擦，并造成零点附近的不灵敏区。

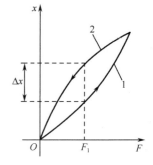

图 2-21　弹性滞后
1—加载曲线；2—卸载曲线

4）弹性后效

弹性敏感元件所加载荷改变后，不是立即完成相应的变形，而是在一定时间间隔中逐渐完成变形的现象称为弹性后效现象。由于弹性后效的存在，弹性敏感元件的变形不能迅速地随作用力的改变而改变。

5）固有振动频率

弹性敏感元件的动态特性与它的固有振动频率 $f_0$ 有很大的关系，固有振动频率通常由实验测得。传感器的工作频率应避开弹性敏感元件的固有振动频率。

**6. 弹性敏感元件的材料及基本要求**

（1）具有良好的机械特性（强度高、抗冲击、韧性好、疲劳强度高等）和良好的机械加工及热处理性能。

（2）良好的弹性特性（如弹性极限高、弹性滞后和弹性后效小等）。

（3）弹性模量的温度系数小且稳定，材料的线胀系数小且稳定。

（4）抗氧化性和抗腐蚀性等化学性能良好。

## 六、任务练习题

（1）常用的电阻应变片分为（　　　　）和（　　　　）两大类。

（2）金属电阻的（　　　　）是金属电阻应变片工作的物理基础。

（3）金属电阻应变片有（　　　　）、（　　　　）及（　　　　）等结构形式。

（4）弹性元件在传感器中起什么作用？

（5）电阻应变式传感器的工作原理是什么？它是如何测量试件的应变的？

（6）电阻应变式传感器的测量电路有哪些？有何特点？

（7）图 2-22 为直流应变电桥。$U_i = 5$ V，$R_1 = R_2 = R_3 = R_4 = 120$ Ω，试求：

①$R_1$ 为金属应变片，其余为外接电阻，当 $R_1$ 变化量为 $\Delta R_1 = 1.2$ Ω 时，电桥输出电压 $U_o = ?$

②$R_1$、$R_2$ 都是应变片，且批号相同，感受应变的极性和大小都相同，其余为外接电阻，电桥的输出电压 $U_o = ?$

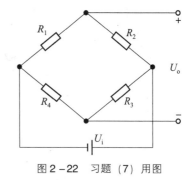

图 2-22　习题（7）用图

# 任务二　汽车燃油表显示电路设计与制作

## 一、任务描述

利用声光进行汽车油箱中的油量显示，要求利用发光二极管显示油量的刻度，并具有缺油警示和语音提示功能。

## 二、任务目标

（1）掌握电位器式传感器的测试机理。
（2）掌握电位器式传感器的结构及应用。
（3）能够利用电位器式传感器进行电路设计。

## 三、知识链接

电位器式
传感器结构原理

### 1. 电位器式传感器的结构类型

电位器式传感器通过滑动触点把位移转换为电阻丝的长度变化，从而改变电阻值大小，进而再将这种变化值转换成电压或电流的变化值。图 2-23 所示为常见电位器式传感器的结构类型。

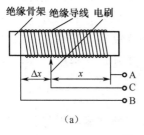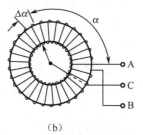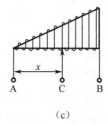

（a）　　　　　　　（b）　　　　　　　（c）

图 2-23　电位器式传感器的结构类型

（a）直线位移型；（b）角位移型；（c）非线性型

不管是哪种类型的电位器式传感器，都由线圈、骨架和滑动电刷等组成。线圈绕于骨架上，电刷可在绕线上滑动，当滑动电刷在绕线上的位置改变时，即实现了将位移变化转换为电阻变化来实现测量。

### 2. 电位器式传感器的测量电路

电位器式传感器的测量电路通常采用电阻分压电路，如图 2 - 24 所示。其中，放大器是为了消除负载电阻的干扰影响。

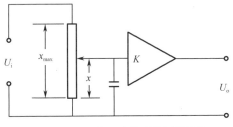

图 2 - 24　电位器式传感器测量电路

对于线性电位器，电刷的相对行程 $x$ 与电阻的相对变化成比例，即

$$\frac{x}{x_{max}} = \frac{R_x}{R_{max}} \tag{2 - 23}$$

若放大器的增益 $K = 1$，则

$$U_o = \frac{R_x}{R_{max}} U_i = \frac{x}{x_{max}} U_i \tag{2 - 24}$$

### 3. 电位器的类型

1）线绕电位器

线绕电位器电阻元件由康铜丝、铂铱合金及卡玛丝等电阻丝绕制，其额定功率范围一般为 0.25 ~ 50 W，阻值范围为 100 Ω ~ 100 kΩ。当接触电刷从这一匝移到另一匝时，阻值的变化呈阶梯式。

2）非线绕电位器

（1）合成膜电位器。

合成膜电位器的优点是分辨率较高，阻值范围很宽（100 Ω ~ 4.7 MΩ），耐磨性较好，工艺简单，成本低，线性度好等；主要缺点是接触电阻大，功率不够大，容易吸潮，噪声较大等。

（2）金属膜电位器。

金属膜电位器具有无限分辨力，接触电阻很小，耐热性好，满负荷达 70 ℃。与线绕电位器相比，它的分布电容和分布电感很小，特别适合在高频条件下使用。它的噪声仅高于线绕电位器。金属电位器的缺点是耐磨性较差，阻值范围窄，一般为 10 ~ 100 Ω。由于这些缺点，限制了它的使用范围。

（3）导电塑料电位器。

导电塑料电位器又称实心电位器，耐磨性很好，使用寿命较长，允许电刷的接触压力很大，在振动、冲击等恶劣环境下仍能可靠地工作。此外，它的分辨率较高，线性度较好，阻值范围大，能承受较大的功率。导电塑料电位器的缺点是阻值易受湿度影响，故精度不易做得很高。导电塑料电位器的标准阻值有 1 kΩ、2 kΩ、5 kΩ 和 10 kΩ，线性度为 0.1% 和 0.2%。

（4）导电玻璃釉电位器。

导电玻璃釉电位器又称金属陶瓷电位器，它的耐高温性和耐磨性好，有较宽的阻值范围，电阻湿度系数小且抗湿性强。导电玻璃釉电位器的缺点是：接触电阻变化大、噪声大、不易保证测量的高精度。

### 4. 电位器式传感器的应用

1）弹性压力计

弹性压力计信号多采用电远传方式，即把弹性元件的变形或位移转换为电信号输出。

在弹性元件的自由端处安装滑线电位器，滑线电位器的滑动触点与自由端连接并随之移动，自由端的位移就转换为电位器的电信号输出，如图 2 – 25 所示。当被测压力 $p$ 增大时，弹簧管撑直，通过齿条带动齿轮转动，从而带动电位器的电刷产生角位移。

2）摩托车汽油油位传感器

图 2 – 26 所示为摩托车汽油油位传感器，它由随液位升降的浮球经过曲杆带动电刷位移，将液位变成电阻变化。

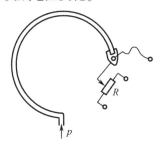 

图 2 – 25　弹性压力计　　　　图 2 – 26　摩托车汽油油位传感器

## 四、任务实施

### 1. 电路的设计

利用声光进行汽车油箱中油量显示电路的设计，主要由油位检测电路、油位显示电路、缺油报警电路 3 部分组成。利用了发光管 $LED_7$ 为油位最高位，$LED_2$ 在油位最低端，$LED_3 \sim LED_7$ 为正常油位，$LED_2$ 提示即将缺油，$LED_1$ 为缺油报警。其设计电路如图 2 – 27 所示。

### 2. 油位显示原理

油位监测电路由汽车油箱内浮筒式可变电阻传感器 $R_{P2}$ 来完成。当油位降低时，$R_{P2}$ 的电阻值会滑向最大值，$VT_2$ 的发射结电位降低。当该电压降低到 0.7 V 以下时，$LED_2$ 熄灭，同时也使二极管 $VD_3$ 截止，经 $VT_1$ 使出 $IC_2$（555）时基集成电路及其外围器件构成的自激多谐振荡器缺油报警电路工作。当 $IC_2$ 的④脚（复位端）电平被拉至高于 0.8 V 时，$IC_2$ 就开始工作，其振荡频率约为 10 Hz，③脚间断输出高电平，该信号分为两路：一路经电阻 $R_2$ 加至 $LED_1$ 发光二极管的正极，使该管间断导通，从而闪烁发光；另一路经电容 $C_9$ 耦合加到喇叭 BL 上，驱动该喇叭发出报警声，从而以声光方式提醒驾驶员应及时加油。

## 五、拓展知识

压阻式传感器是利用固体的压阻效应制成的，主要用于测量压力、加速度和载荷等参数。压阻式传感器有两种类型，一种是利用半导体材料的体电阻做成粘贴式的应变片，另一种是在半导体的基片上用集成电路工艺制成扩散型压敏电阻，用它作为传感元件制成的传感器，称为固态压阻式传感器，也叫扩散型压阻式传感器。

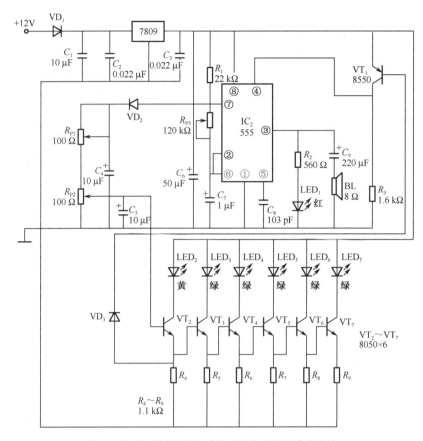

图 2-27　浮筒式电位器式传感器构成的燃油表电路

### 1. 半导体的压阻效应

任何材料发生变形时电阻的变化率由式（2-25）决定，即

$$\frac{\Delta R}{R} = \frac{\Delta L}{L} - \frac{\Delta S}{S} + \frac{\Delta \rho}{\rho} \tag{2-25}$$

对于半导体材料而言，$\Delta R/R = (1+2\mu)\varepsilon + \Delta\rho/\rho = (1+2\mu)\varepsilon + \varepsilon E\pi$，它由两部分组成：前一部分 $(1+2\mu)\varepsilon$ 表示由尺寸变化所致，后一部分 $\varepsilon E\pi$ 表示由半导体材料的压阻效应所致。实验表明，$E\pi \gg 1+2\mu$，也即半导体材料的电阻值变化主要是由电阻率变化引起的。因此，可有

$$\frac{\Delta R}{R} \approx \frac{\Delta \rho}{\rho} = \pi E \varepsilon = \pi \sigma \tag{2-26}$$

式中　$\pi$——压阻系数。

半导体电阻率随应变所引起的变化称为半导体的压阻效应。

### 2. 压阻式传感器的结构

常见的硅压阻式传感器由外壳、硅膜片和引线组成，其结构原理如图 2-28 所示。其核心部分做成杯状的硅膜片，通常叫作硅杯。外壳则因不同用途而异。在硅膜片

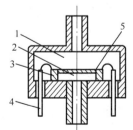

图 2-28　压阻式传感器的结构
1—低压腔；2—高压腔；
3—硅杯；4—引线；5—硅膜片

28

上，用半导体工艺中的扩散掺杂法做 4 个相等的电阻，经蒸镀铝电极及连线，接成惠斯登电桥，再用压焊法与外引线相连。膜片的一侧是和被测系统相连接的高压腔，另一侧是低压腔，通常和大气相通，也有做成真空的。

### 3. 压阻式传感器的温度补偿原理与方法

由于半导体材料对温度比较敏感，压阻式传感器的电阻值及灵敏度系数随温度变化而改变，将引起零点温度漂移和灵敏度漂移，因此必须采取温度补偿措施。

1）零点温度补偿

零点温度漂移是由于扩散电阻的阻值及其温度系数不一致造成的。一般用串、并联电阻法补偿，如图 2-29 所示。

2）灵敏度温度漂移

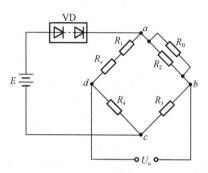

图 2-29 零点输出补偿

灵敏度温度漂移是由于压阻系数随温度变化而引起的。温度升高时，压阻系数变小，温度降低时，压阻系数变大，说明传感器的灵敏度系数为负值。温度升高时，若提高电桥的电源电压，使电桥的输出适当增大；反之，温度降低时，若使电源电压降低，电桥的输出适当减小，便可以实现对传感器灵敏度的温度补偿。如图 2-29 所示，在电源回路中串联二极管进行温度补偿，电源采用恒压源，当温度升高时，二极管的正向压降减小，于是电桥的桥压增加，使其输出增大。

## 六、任务练习题

（1）试述压阻式传感器的工作原理。
（2）常见的电位器式传感器的类型有哪几类？
（3）压阻式传感器的结构及与电位器式传感器的区别是什么？

# 任务三  电子血压计的设计与制作

## 一、任务描述

血压是人体的重要生理参数，是人们了解人体生理状况的重要指标。测量血压的仪器称为血压计，要求选用专用电容式传感器实现准确的信息采集，来设计一款电子血压计，并能够准确地将收缩压和舒张压的值在 LED 上显示出来。

## 二、任务目标

（1）掌握电容式传感器的结构原理及测量电路。
（2）能够运用电容式传感器进行测量。

### 三、知识链接

#### 1. 电容式传感器的工作原理及结构形式

电容式传感器是将被测量的变化转换为电容量变化的一种装置，它本身就是一种可变电容器。由于这种传感器具有结构简单、体积小、动态响应好、灵敏度高、分辨率高、能实现非接触测量等特点，因而被广泛应用于位移、加速度、振动、压力、压差、液位、成分含量等检测领域。其最常用的形式是由两个平行电极组成、极间以空气为介质的电容器。若忽略边缘效应，平板电容器的电容为

电容式传感器
工作原理

$$C = \varepsilon A/d \qquad (2-27)$$

式中　$\varepsilon$——极间介质的介电常数；

　　　$A$——两电极互相覆盖的有效面积；

　　　$d$——两电极之间的距离。

$d$、$A$、$\varepsilon$ 三个参数中任一个的变化都将引起电容量的变化，并可用于测量。因此电容式传感器可分为面积变化型、极距变化型、介质变化型 3 类。

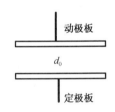

图 2 – 30　平行极板电容器

1）变极距式电容传感器

图 2 – 30 所示为平行极板电容器，设两个相同极板的长为 $b$，宽为 $a$，极板间距离为 $d_0$，在忽略极板边缘影响的条件下，平行极板电容器的电容量为

$$C_0 = \varepsilon A/d_0 \qquad (2-28)$$

若动极板与被测量相连，$d$ 从 $d_0$ 移动至 $d_0 - \Delta d$，电容量 $C_0$ 就变为 $C_0 + \Delta C$，则有

$$\Delta C/C_0 = \frac{\Delta d/d_0}{1 - (\Delta d/d_0)}$$

$$\Delta C = \varepsilon A/(d_0 - \Delta d) - \varepsilon A/d_0$$

当 $\Delta d/d_0 \ll 1$ 时，变极距式电容传感器有近似线性关系，此时灵敏度为

$$K = (\Delta C/C_0)/\Delta d = 1/d_0 \qquad (2-29)$$

$$\Delta C/C_0 = \frac{\dfrac{\Delta d}{d_0}}{1 - (\Delta d/d_0)} \qquad (2-30)$$

通常为了获得高灵敏度，一般 $d_0$ 较小，但 $d_0$ 过小易引起电容器击穿或短路，所以可放置高介电常数材料（如云母片）以避免击穿电路，如图 2 – 31 所示。

对于云母，$\varepsilon_g = 6 \sim 8.5$，则：

一般变极距式电容传感器的起始电容在 $20 \sim 100$ pF，极板间距离在 $25 \sim 200$ μm 的范围内，最大位移应小于间距的 1/10，故在微位移测量中应用最广。

2）变面积式电容传感器

图 2 – 32 所示为直线位移型变面积式电容传感器的示意图。

当动极板移动 $\Delta x$ 后，覆盖面积就发生变化，电容量也随之改变，其值为

$$C = \varepsilon b(a - \Delta x)/d = C_0 - \varepsilon b \cdot \Delta x/d \qquad (2-31)$$

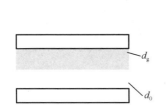

图 2-31　放置云母片的电容器

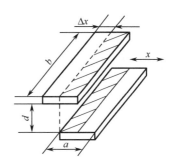

图 2-32　直线位移型变面积式电容传感器

电容因位移而产生的变化量为

$$\Delta C = C - C_0 = -\frac{\varepsilon b}{d}\Delta x = -C_0 \frac{\Delta x}{a} \qquad (2-32)$$

其灵敏度为

$$K = \frac{\Delta C}{\Delta x} = -\frac{\varepsilon b}{d} \qquad (2-33)$$

可见，增加 $b$ 或减小 $d$ 均可提高传感器的灵敏度。

另外，经常用到图 2-33 所示的角位移型变面积式电容传感器。当动片有一角位移 $\theta$ 时，两极板间覆盖面积就发生变化，从而导致电容量的变化，此时电容值为

$$C = \frac{\varepsilon A\left(1 - \dfrac{\theta}{\pi}\right)}{d} = C_0\left(1 - \frac{\theta}{\pi}\right) \qquad (2-34)$$

由上面的分析可得出结论，变面积式电容传感器的灵敏度为常数，即输出与输入呈线性关系。

3）变介电常数式电容传感器

图 2-34 所示是一种变介电常数式电容传感器用于测量液位高低的结构原理。

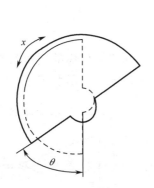

图 2-33　变面积式电容传感器的派生型——角位转型

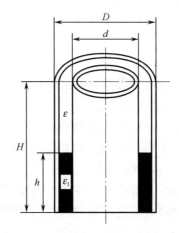

图 2-34　电容式液位变换的原理

设被测介质的介电常数为 $\varepsilon_1$，液面高度为 $h$，变换器总高度为 $H$，内筒外径为 $d$，外筒内径为 $D$，则此时变换器电容值为

$$C = \frac{2\pi\varepsilon_1 h}{\ln\dfrac{D}{d}} + \frac{2\pi\varepsilon(H-h)}{\ln\dfrac{D}{d}}$$

$$= \frac{2\pi\varepsilon_1 H}{\ln\dfrac{D}{d}} + \frac{2\pi h(\varepsilon_1 - \varepsilon)}{\ln\dfrac{D}{d}}$$

$$= C_0 + \frac{2\pi h(\varepsilon_1 - \varepsilon)}{\ln\dfrac{D}{d}} \tag{2-35}$$

式中　$\varepsilon$——空气介电常数；

　　　$C_0$——由变换器的基本尺寸决定的初始电容值。

可见，此变换器的电容增量正比于被测液位高度 $h$。

变介电常数式电容传感器有较多的结构形式，还可以用来测量纸张、绝缘薄膜等的厚度，也可用来测量粮食、纺织品、木材或煤等非导电固体介质的湿度等。图 2-35 所示是一种常用的结构形式。图中两平行电极固定不动，极距为 $\delta_0$，相对介电常数为 $\varepsilon_{r2}$ 的电介质以不同深度插入电容器中，从而改变两种介质的极板覆盖面积。传感器总电容量 $C$ 为

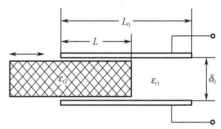

图 2-35　变介电常数式电容传感器

$$C = C_1 + C_2 = \varepsilon_0 b_0 \frac{\varepsilon_{r1}(L_0 - L)}{d_0} \tag{2-36}$$

式中　$L_0$，$b_0$——极板长度和宽度；

　　　$L$——第二种介质进入极板间的长度。

若电介质 $\varepsilon_{r1} = 1$，当 $L = 0$ 时，传感器初始电容 $C_0 = \varepsilon_0 \varepsilon_{r1} L_0 b_0 / d_0$。当电介质 $\varepsilon_{r2}$ 进入极间 $L$ 后，引起电容的相对变化为

$$\frac{\Delta C}{C_0} = \frac{C - C_0}{C_0} = \frac{(\varepsilon_{r2} - 1)L}{L_0} \tag{2-37}$$

可见，电容的变化与电介质 $\varepsilon_{r2}$ 的移动量 $L$ 呈线性关系。

**2. 电容式传感器的测量电路**

由于电容式传感器的电容值变化量十分微小，必须经过相应的测量电路转换成与之成正比的电压、电流或频率，这样才可以方便实现传输、显示及记录。因此电容式传感器常见的测量电路如下。

1）运算放大器式电路

这种电路的最大特点，是能够克服变极距式电容传感器的非线性而使其输出电压与输入位移（间距变化）有线性关系。运算放大器的输入阻抗很高，因此可认为它是一个理想运算放大器电路，如图 2-36 所示，其输出电压为

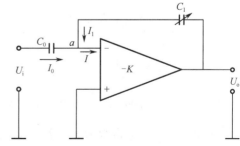

图 2-36　运算放大器电路

$$U_o = -U_i(C_0/C_1) \tag{2-38}$$

将 $C_1 = \varepsilon A/d$ 代入式（2-38），则有

$$U_o = -U_i[C_0/(\varepsilon A)]d \tag{2-39}$$

式中　$U_o$——运算放大器输出电压；

　　　　$U_i$——信号源电压；

　　　　$C_1$——传感器容量；

　　　　$C_0$——固定电容器容量。

可以看出，输出电压 $U_o$ 与动极片机械位移 $d$ 呈线性关系。这就从原理上解决了变极距式电容传感器特性的非线性问题。

2）交流电桥

将电容式传感器的两个电容作为交流电桥的两个桥臂，通过电桥把电容的变化转换成电桥输出电压的变化。电桥通常采用由电阻-电容、电感-电容组成的交流电桥，图 2-37 所示为电感-电容电桥。

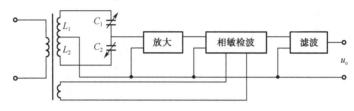

图 2-37　交流电桥电路

变压器的两个二次绕组 $L_1$、$L_2$ 与差动电容传感器的两个电容 $C_1$、$C_2$ 作为电桥的 4 个桥臂，由高频稳幅的交流电源为电桥供电。电桥的输出为一调幅值，经放大、相敏检波、滤波后，获得与被测量变化相对应的输出，最后为仪表显示记录。

3）调频电路

电容式传感器作为振荡器谐振回路的一部分，当输入量使电容量发生变化后，就使振荡器的振动频率发生变化，频率的变化在鉴频器中变化为振荡的变化，经过放大后就用仪表指示或用记录仪表记录下来，电路框图如图 2-38 所示。

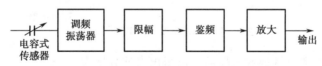

图 2-38　调频电路框图

调频电路的特点是测量电路的灵敏度很高，可测 0.01 μm 的位移变化量，抗干扰能力强（加入混频器后更强），缺点是电缆电容、温度变化的影响很大，输出电压 $U_o$ 与被测量之间的非线性一般要靠电路加以校正，因此电路比较复杂。

4）脉冲宽度调制电路

脉冲宽度调制电路如图 2-39 所示，该电路主要有传感器差动电容 $C_1$ 和 $C_2$，当双稳定触发器的输出 $A$ 点为高电位，则通过 $R_1$ 对 $C_1$ 充电，直到 $C$ 点电位高于参比电位 $U_f$ 时，比较器 $A_1$ 将产生脉冲触发双稳态触发器翻转。在翻转前，$B$ 点为低电位，电容 $C_2$ 通过二极管 $VD_2$ 迅速放电。一旦双稳态触发器翻转后，$A$ 点成为低电位，$B$ 点为高电位。这时，

在反方向又重复上述过程，即 $C_1$ 充电，$C_1$ 放电。当 $C_1 = C_2$ 时，电路中各点电压波形如图 2-40（a）所示。由图 2-40 可见 $A$、$B$ 两点平均电压值为零。但是，差动电容 $C_1$ 和 $C_2$ 值不相等时，如 $C_1 > C_2$，则 $C_1$ 和充放电时间常数就发生改变。这时电路中各点的电压波形如图 2-40（b）所示。

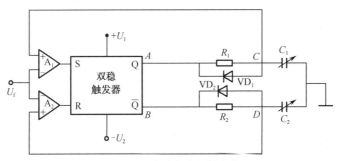

图 2-39　脉冲宽度调制电路

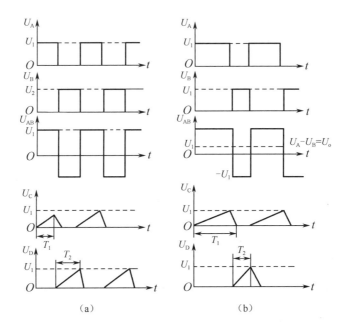

图 2-40　脉冲宽度调试电路电压波形

当矩形电压波通过低通滤波器后，可得出直流分量为

$$U_o = U_{AB} = \frac{T_1 - T_2}{T_1 + T_2} U_1 \qquad (2-40)$$

若上述中的 $U_1$ 保持不变，则输出电压的直流分量 $U_o$ 随 $T_1$、$T_2$ 的变化而改变，从而实现了输出脉冲电压的调宽。当然，必须使参比电位 $U_f < U_1$。

由电路可得出

$$T_1 = R_1 C_1 \ln \frac{U_1}{U_1 - U_f} \qquad (2-41)$$

$$T_2 = R_2 C_2 \ln \frac{U_2}{U_1 - U_f} \qquad (2-42)$$

设电阻 $R_1 = R_2 = R$，将式（2－41）、式（2－42）代入式（2－40）以后即可得出

$$U_o = \frac{C_1 - C_2}{C_1 + C_2} U_1 \tag{2－43}$$

把平行极板电容公式代入式（2－43）中，在变极板距离的情况下可得

$$U_o = \frac{d_1 - d_2}{d_1 + d_2} U_1 \tag{2－44}$$

式中　$d_1$——$C_1$ 电极板间距离；

　　　$d_2$——$C_2$ 电极板间距离。

当差动电容 $C_1 = C_2 = C_0$ 时，即 $d_1 = d_2 = d_0$ 时，$U_o = 0$。若 $C_1 \neq C_2$，设 $C_1 > C_2$，即 $d_1 = d_0 - \Delta d$，$d_2 = d_0 + \Delta d$，则式（2－44）即为

$$U_o = -\frac{\Delta d}{d_0} U_1 \tag{2－45}$$

同样，在变电容器极板面积的情况下，有

$$U_o = \frac{A_1 - A_2}{A_1 + A_2} U_1 \tag{2－46}$$

式中　$A_1$——$C_1$ 电容极板面积；

　　　$A_2$——$C_2$ 电容极板面积。

若差动电容 $C_1 \neq C_2$ 时，则

$$U_o = \frac{\Delta A}{A} U_1 \tag{2－47}$$

因此，对于差动脉冲调宽电路，不论是改变平板电容器的极板面积或是极板距离，其变化量与输出量都呈线性关系。调宽线路还具有以下一些特点。

（1）对元件无线性要求。

（2）效率高，信号只要经过低通滤波器就有较大的直流输出。

（3）调宽频率的变化对输出无影响。

（4）由于低通滤波器的作用，对输出矩形波纯度要求不高。

## 四、任务实施

### 1. 电子血压计设计框图

电子血压计主要由电容式压力传感器、四运放 LM324、滤波器、气泵、单片机 ATmega16 和 LED 显示器构成。这个设计的核心部分是专用电容压力传感器、信号处理芯片 ATmega16。前者将袖带内的压力信号转换成电压信号，后者控制整个电路的工作，利用 AVR 单片机中的 A/D 转换器对采样信号进行处理，把最终的结果通过 LED 显示出来。系统设计框图如图 2－41 所示。

### 2. 血压计的测量原理

临床上血压测量技术一般分为直接法和间接法。直接法的优点是测量值准确，并能连续监测，但它必须将导管置入血管内，是一种有创造性的测量方法；间接法是利用脉管内压力与血液阻断开通时刻所表现的血流变化间的关系，从体表测出相应的压力值。间接测量又分为听诊法和示波法。这里的血压计采用示波法。

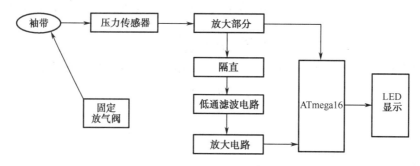

图 2-41　电子血压计设计框图

示波法的测量原理与柯氏法类似，采用充气袖套来阻断上臂动脉血流。由于心搏的血液动力学作用，在气袖压力上将重叠与心搏同步的压力波动，即脉搏波。当袖套压力远高于收缩压时，脉搏波消失。随着袖套压力下降，脉搏开始出现。当袖套压力从高于收缩压降到低于收缩压时，脉搏波会突然增大，到平均压时振幅达到最大值，然后又随袖套压力下降而衰减，当小于舒张压后，动脉管壁的舒张期已充分扩张，管壁刚性增强，而波幅维持比较小的水平。示波法血压测量就是根据脉搏波振幅与气袖压力之间的关系来估计血压的。与脉搏波最大值对应的是平均压，收缩压和舒张压分别对应脉搏波最大振幅的比例。提取的脉搏波信号如图 2-42 所示。

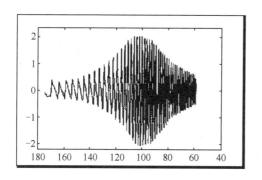
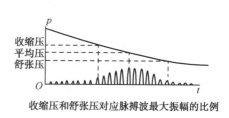

收缩压和舒张压对应脉搏波最大振幅的比例

图 2-42　收缩压和舒张压的获取原理

## 五、拓展知识

电容式传感器不但应用于位移、振动、角度、加速度及荷重等机械量的精密测量，还广泛应用于压力、差压力、液位、料位、湿度、成分含量等参数的测量。

### 1. 电容式加速度传感器

该传感器一般采用惯性式传感器测量绝对加速度。在这种传感器中，可应用电容式传感器。一种差接式电容传感器的原理结构示于图 2-43 中。其中有两个固定极板，极板中间有一个用弹簧支承的质量块，此质量块的两个端面经过磨平抛光后作为可动极板。当传感器测量垂直方向上

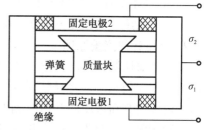

图 2-43　电容式加速度传感器

的直线加速度时，质量块在绝对空间中相对静止，而两个固定电极将相对质量块产生位移，此位移大小正比于被测加速度，使 $C_1$、$C_2$ 中一个增大，一个减小。

使用加速度传感器可以在汽车发生碰撞时，经控制系统使气囊迅速充气。加速度传感器安装在轿车上，可以作为碰撞传感器。当测得的负加速度值超过设定值时，微处理器据此判断发生了碰撞，于是就启动轿车前部的折叠式安全气囊迅速充气而膨胀，托住驾驶员及前排乘员的胸部和头部。

### 2. 电容带材厚度检测仪

电容带材厚度检测仪是用来测量金属带材在轧制过程中厚度的。它的变化器就是电容式厚度传感器，其工作原理如图 2 - 44 所示。在被测带材的上下两边各置一块面积相等，与带材距离相同的极板，这种极板与带材就形成两个电容器（带材也作为一个极板）。把两块极板用导线连接起来，就成为一个极板，而带材是电容器的另一极板，其总电容 $C = C_1 + C_2$。

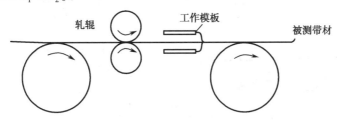

图 2 - 44　电容带材厚度检测仪工作原理

金属带材在轧制过程中不断向前送进，如果带材厚度发生变化，将引起它与上、下两个极板间距的变化，即引起电容量的变化，如果总电容量 $C$ 作为交流电桥的一个臂，电容的变化 $\Delta C$ 引起电桥不平衡输出，经过放大、检波、滤波，最后在仪表上显示出带材的厚度。这种测厚仪的优点是带材的振动不影响测量精度。

### 3. 荷重式传感器

荷重式传感器如图 2 - 45 所示，是采用一块特种钢（要求绕铸性好，弹性极限高），在同一高度上并排平行打圆孔，在孔的内壁以特殊的黏结剂固定两个截面为 T 形的绝缘体，保持其平行并留有一定间隙，在相对面上粘贴铜箔，从而形成一排平板电容。当圆孔受荷重变形时，电容值将改变，在电

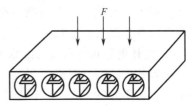

图 2 - 45　电容式荷重传感器

路上各电容并联，因此总电容增量将正比于被测平均荷重 $F$。这种传感器误差较小，接触面影响小，测量电路可安装在孔中。

### 4. 电容式压力传感器

图 2 - 46 所示为差动电容式压力传感器的结构。图 2 - 46 所示为由一个膜片动电极和两个在凹形玻璃上电镀成的固定电极组成的差动电容器。

当被测压力或压力差作用于膜片并使之产生位移时，形成的两个电容器的电容量一个增大，一个减小。该电容值的变化经测量电路转换成与压力或压力差相对应的电流或电压的变化。

### 5. 电容式料位传感器

电容式料位传感器测定电极安装在罐的顶部，这样在罐壁和测定电极之间就形成了一个电容器。其结构示意图如图 2 – 47 所示。

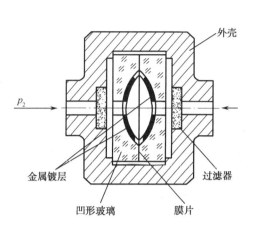

图 2 – 46　差动电容式压力传感器结构　　图 2 – 47　电容式料位传感器结构示意图

传感器的静态电容可表示为

$$\varepsilon = \frac{k(\varepsilon_{\mathrm{s}} - \varepsilon_0)h}{\ln \dfrac{D}{d}} \tag{2 – 48}$$

式中　$k$——比例常数；

　　　$\varepsilon_{\mathrm{s}}$——被测物料的相对介电常数；

　　　$\varepsilon_0$——空气的相对介电常数。

当罐内放入被测物料时，由于被测物料介电常数的影响，传感器的电容量将发生变化，电容量变化的大小与被测物料在罐内的高度有关，且成比例变化。检测出这种电容量的变化就可测定物料在罐内的高度。

### 6. 设计电容式传感器的注意事项

电容式传感器具有高灵敏度、高精度等优点，是与其正确设计、选材以及精细的加工工艺分不开的。在设计传感器的过程中，在所要求的量程、温度和压力等范围内，应尽量使它具有低成本、高精度、高分辨率、稳定可靠和高频率响应等特点。对于电容式传感器，设计时可以从以下几个方面予以考虑。

（1）减小环境温度、湿度等变化所产生的影响，保证绝缘材料的绝缘性能。

电容式传感器的金属电极材料以选用温度系数低的铁镍合金为好，但较难加工。也可采用在陶瓷或石英上喷镀金或银的工艺，这样电极可以做得极薄，对减小边缘效应极为有利。

传感器内电极表面不便经常清洗，应加以密封，用以防尘、防潮。若在电极表面镀以极薄的惰性金属（如铑等）层，则可代替密封件起保护作用，可防尘、防湿、防腐蚀，并在高温下可减少表面损耗、降低温度系数，但成本较高。

在可能的情况下，传感器内尽量采用差动对称结构，再通过某些类型的测量电路（如电桥）来减小温度等误差。可以用数学关系式来表达温度等变化所产生的误差，作为设计依据，但比较烦琐。尽量选用高的电源频率，一般为 50 kHz 至几兆赫，以降低对传感器绝缘部分的绝缘要求。

传感器内所有的零件应先进行清洗、烘干后再装配。传感器要密封以防止水分侵入内部而引起电容值变化和绝缘性能下降。传感器的壳体刚性要好，以免安装时变形。

（2）减小和消除寄生电容的影响。

寄生电容与传感器电容相并联会影响传感器灵敏度，而它的变化则为虚假信号，影响传感器的精度。为减小和消除它，可采用以下方法。

① 增加传感器原始电容值。采用减小极片或极筒间的间距（平板式间距为 0.2 ~ 0.5 mm，圆筒式间距为 0.15 mm），增加工作面积或工作长度来增加原始电容值，但受加工及装配工艺、精度、示值范围、击穿电压、结构等限制。一般电容值变化在 $10^{-3} \sim 10^3$ pF 范围内。

② 注意传感器的接地和屏蔽。图 2 - 48 所示为采用接地屏蔽的圆筒形电容式传感器。图中可动极筒与连杆固定在一起随被测量移动，并与传感器的屏蔽壳（良导体）同为地。因此，当可动极筒移动时，它与屏蔽壳之间的电容值将保持不变，从而消除了由此产生的虚假信号。

引线电缆也必须屏蔽在传感器屏蔽壳内。为减小电缆电容的影响，应尽可能使用短的电缆线，缩短传感器至后续电路前置级的距离。

③ 集成化。将传感器与测量电路本身或其前置级装在一个壳体内，这样寄生电容大为减小，变化也小，使传感器工作稳定。但因电子元器件的特点而不能在高、低温或环境差的场合工作。

④ 采用"驱动电缆"技术。当电容式传感器的电容值很小，而因某些原因（如环境温度较高），测量电路只能与传感器分开时，可采用"驱动电缆"技术，如图 2 - 48 所示。传感器与测量电路前置级间的引线为双屏蔽层电缆，其内屏蔽层与信号传输线（即电缆芯线）通过 1:1 放大器而为等电位，从而消除了芯线与内屏蔽层之间的电容。由于屏蔽线上有随传感器输出信号变化而变化的电压，因此称为"驱动电缆"。采用这种技术可使电缆线长达 10 m 之远也不影响传感器的性能。外屏蔽层接大地（或接传感器地），用来防止外界电场的干扰。内、外屏蔽层之间的电容是 1:1 放大器的负载。1:1 放大器是一个输入阻抗要求很高、具有容性负载、放大倍数为 1（准确度要求达 1/1 000）的同相（要求相移为零）放大器。因此"驱动电缆"技术对 1:1 放大器要求很高，电路复杂，但能保证电容式传感器的电容值小于 1 pF 时也能正常工作。

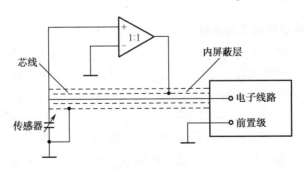

图 2 - 48　接地屏蔽

## 六、任务练习题

（1）电容式传感器的工作原理是什么？

（2）电容式传感器根据工作原理的不同分为哪几种？特点是什么？

（3）电容式传感器都可以进行哪些非电量的测量？

（4）电容式传感器的测量转换电路主要有哪些？

（5）试计算图2-49所示各电容式传感元件的总电容表达式。

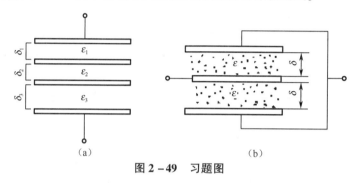

图2-49　习题图

# 任务四　振动报警电路的设计与制作

## 一、任务描述

利用压电振动传感器设计当受到振动后该电路能发出可持续时间为1 min左右的报警声响。

## 二、任务目标

（1）了解压电式传感器的工作原理。

（2）掌握压电式传感器的测量转换电路。

（3）能够运用压电式传感器进行电路的设计。

## 三、知识链接

### （一）压电式传感器的工作原理

压电式传感器从词义上理解就应该是受压产生电信号的一类传感器。它属于一种物性型传感器，是利用一种特殊材料的固态物理特性及效应实现非电量转换的传感器。

压电式传感器的工作原理

压电式传感器是一种典型的有源器件，无须外界供电，自己能够产生电，也叫自发式传感器。它具有体积小、质量轻、工作频带宽等特点，用于各种动态力、机械冲击与振动的测量，并在声学、医学、力学、宇航等方面得到了非常广泛的应用。

压电式传感器的工作原理就是基于某些介质材料的压电效应制成的。

**1. 压电效应**

当某些电介质沿着一定方向对其施力而使它变形时，其内部就产生极化现象，同时在它的两个表面上便产生符号相反的电荷，当外力去掉后，其又重新恢复到不带电状态，这种现象称为压电效应。

当作用力方向改变时，电荷极性也随着改变。相反，在电介质的极化方向施加电场，这些电介质也会产生变形，这种现象称为逆压电效应（电致伸缩效应）。

**2. 压电材料**

在自然界中，大多数晶体具有压电效应，但压电效应十分微弱。随着对材料的深入研究，发现石英晶体、钛酸钡、锆钛酸铅等材料是性能优良的压电材料。因此常见的压电材料主要有压电晶体和压电陶瓷及一些高分子材料。

选用合适的压电材料是设计高性能传感器的关键。一般应考虑以下几个方面。

（1）转换性能。具有较高的耦合系数或具有较大的压电常数。

（2）力学性能。压电元件作为受力元件，希望它的机械强度高、机械刚度大。以期获得较宽的线性范围和较高的固有振动频率。

（3）电性能。希望具有高的电阻率和大的介电常数，用来减弱外部分布电容的影响，并获得良好的低频特性。

（4）温度和湿度稳定性要好。具有较高的居里点，以期望得到较宽的工作温度范围。

（5）时间稳定性。压电特性不随时间蜕变。

**3. 石英晶体的压电效应**

石英晶体所以具有压电效应，是与它的内部结构分不开的。组成石英晶体的硅离子 $Si^{4+}$ 和氧离子 $O^{2-}$ 在平面投影，如图 2-50（a）所示。为讨论方便，将这些硅、氧离子等效为图 2-50（b）中六边形排列，图中"$\oplus$"代表 $Si^{4+}$，"$\ominus$"代表 $O^{2-}$。

石英晶体是一个正六面体，在晶体学中它可以 3 根互相垂直的轴来表示。其中，纵向轴 $Z-Z$ 称为光轴；经过正六面体棱线，并垂直于光电轴的 $X-X$ 方向的力作用下产生电荷的压电效应，称为"纵向压电效应"；而把沿机械轴 $Y-Y$ 方向的力作用下产生电荷的压电效应，称为"横向压电效应"，沿光轴 $Z-Z$ 方向受力则不产生压电效应。图 2-51 所示为石英晶体的外形。

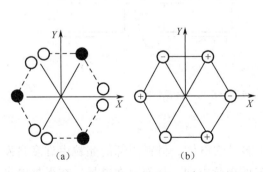

图 2-50　石英晶体的内部结构

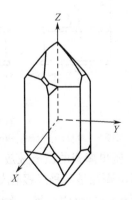

图 2-51　石英晶体的外形

（1）纵向压电效应。

当沿电轴方向施力 $F_X$，在垂直于电轴的平面上产生电荷。在晶体的线性弹性范围内，电荷量与力成正比，可表示为

$$Q_{XX} = d_{XX}F_X$$

式中　$Q_{XX}$——垂直于 $X$ 轴平面上的电荷；

　　　$d_{XX}$——压电系数，下标的意义为产生电荷的面的轴向及施加作用力的轴向；

　　　$F_X$——沿晶轴 $X$ 方向施加的压力。

因此当晶片受到 $X$ 向的压力作用时，$Q_{XX}$ 与作用力 $F_X$ 成正比，而与晶片的几何尺寸无关。

（2）横向压电效应。

如果沿 $Y$ 轴施力为 $F_Y$ 时，电荷仍出现在与 $X$ 轴垂直的平面上，其横向压电效应产生的电荷为

$$Q_{XY} = d_{XY}\frac{a}{b}F_Y$$

式中　$Q_{XY}$——$Y$ 轴向施加压力，在垂直于 $X$ 轴平面上产生的电荷；

　　　$d_{XY}$——压电系数，$Y$ 轴向施加压力，在垂直于 $X$ 轴平面上产生电荷时的压电系数；

　　　$F_Y$——沿晶轴 $Y$ 方向施加的压力。

根据石英晶体的对称条件 $d_{XY} = d_{XX}$，因此有

$$Q_{XY} = -d_{XX}\frac{a}{b}F_Y$$

由此可以看出，沿机械轴方向向晶片施加压力时，产生的电荷是与几何尺寸有关的。式中的负号表示沿 $Y$ 轴的压力产生的电荷与沿 $X$ 轴施加压力所产生的电荷极性是相反的。

当石英晶片沿 $X$ 轴受压力或拉力时，电荷产生的极性变化如图 2-52（a）、（b）所示，当石英晶片沿 $Y$ 轴作用于压力或拉力时，电荷产生的极性变化如图 2-52（c）、（d）所示。

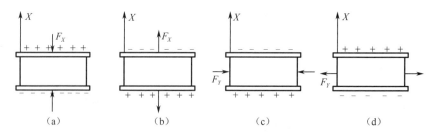

图 2-52　晶片受力方向与产生电荷极性图

### 4. 压电陶瓷的压电效应

压电陶瓷是一种经极化处理后的人工多晶铁电体。材料内部的晶粒由许多自发极化的"电畴"组成，每一个电畴具有一定的极化方向，从而存在电场。在无外电场作用时，电畴在晶体中杂乱分布，分布如图 2-53（a）所示，它们各自的极化效应被相

互抵消，压电陶瓷内极化强度为零。因此原始的压电陶瓷呈中性，不具有压电性质。在外力电场的作用下，电畴的极化方向发生转动，趋向于按外力电场的方向排列，从而使材料得到极化，如图2-53（b）所示。极化处理后陶瓷内部仍存在很强的剩余极化强度，如图2-53（c）所示。为了简单起见，图中把极化后的晶粒画成单畴（实际上极化后晶粒往往不是单畴）。

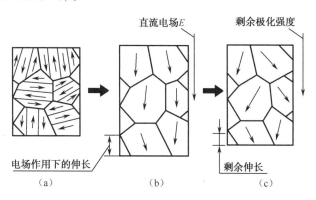

图2-53　压电陶瓷中的电畴变化

（a）极化处理前；（b）极化处理过程中；（c）极化处理后

　　因此对于压电陶瓷，通常取它的极化方向为 $Z$ 轴。当压电陶瓷在沿极化方向受力时，则在垂直于 $Z$ 轴的表面上会出现电荷，见图2-54，其电荷量 $Q$ 与作用力 $F$ 成正比，即

$$Q = d_{ZZ}F$$

式中　$d_{ZZ}$——纵向压电系数。

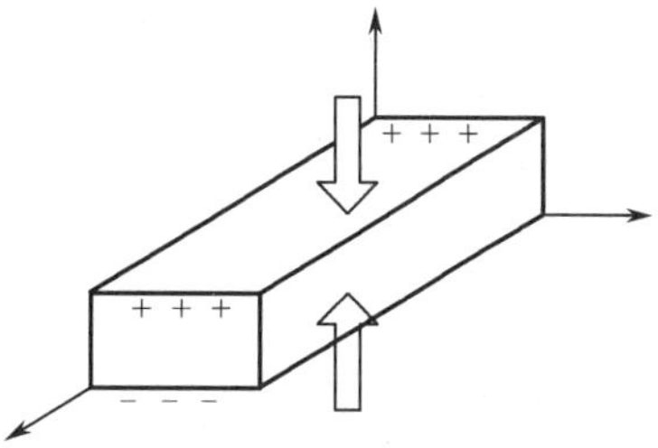

图2-54　压电陶瓷的压电原理

### 5. 高分子压电材料（PVDF）

　　随着科技的发展，不断出现一些新型的压电材料。20世纪70年代出现了半导体压电材料，如硫化锌（ZnS）、锑化铬（CdTe）等，因其既具有压电特性，又具有半导体特性，故其既可用于压电传感器，又可用于制作电子器件，从而研制成新型集成压电传感器测试系统；近年来研制成功的有机高分子化合物，因其质轻柔软、抗拉强度较高、蠕变小、耐冲击等特点，可制成大面积压电元件。为提高其压电性能，还可以掺入压电陶瓷粉末，制成混合复合材料（PVF2-PZT）。

　　典型的高分子压电材料有聚偏二氟乙烯（PVF2或PVDF）、聚氟乙烯（PVF）、改性聚氯乙烯（PVC）等。它是一种柔软的压电材料，可根据需要制成薄膜或电缆套管等形状。它不易破碎，具有防水性，可以大量连续拉制，制成较大面积或较长的尺度，价格便宜，频率响应范围较宽。

　　PVDF有很强的压电特性，同时还具有类似铁电晶体的迟滞特性和热释电特性，因此广泛应用于压力、加速度、温度、声音和无损检测等。

　　PVDF有很好的柔性和加工性能，可制成具有不同厚度和形状各异的大面积有挠性的膜，适宜做大面积的传感阵列器件。这种元件耐冲击、不易破碎、稳定性好、频带宽。

（二）压电式传感器测量电路

### 1. 压电元件的等效电路

当压电传感器中的压电晶体承受被测机械应力的作用时，在它的两个极面上出现等值极性相反的电荷。可把压电式传感器看成一个两极板上聚集异性电荷，中间为绝缘体的电容器，当两极板聚集一定电荷时，两极板就呈现一定的电压。因此，压电元件可等效为一个电荷源 $Q$ 和一个电容 $C_a$ 的并联电路，如图 2-55（a）所示；也可等效为一个电压源 $U_a$ 和一个电容 $C_a$ 的串联电路，如图 2-55（b）所示。

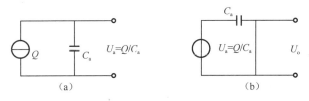

图 2-55 压电式传感器的等效电路

（a）电荷源；（b）电压源

传感器内部信号电荷无"漏损"，外电路负载无穷大时，压电式传感器受力后产生的电压或电荷才能长期保存；否则电路将以某时间常数按指数规律放电。这对于静态标定以及低频准静态测量极为不利，必然带来误差。事实上，传感器内部不可能没有泄漏，外电路负载也不可能无穷大，只有外力以较高频率不断地作用，传感器的电荷才能得以补充。因此，压电晶体不适合于静态测量。

如果用导线将压电式传感器和测量仪器连接时，则应考虑连线的等效电容，还必须考虑电缆电容 $C_c$，放大器的输入电阻 $R_i$ 和输入电容 $C_i$ 以及传感器的泄漏电阻 $R_a$。其等效电荷源如图 2-56（a）所示，等效电压源如图 2-56（b）所示。

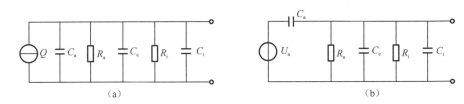

图 2-56 等效电路

（a）电荷源；（b）电压源

### 2. 压电式传感器的测量电路

压电式传感器本身的内阻抗很高，而输出能量较小，因此它的测量电路通常需要接入一个高输入阻抗的前置放大器，其作用为：一是把它的高输出阻抗变换为低输出阻抗；二是放大传感器输出的微弱信号。压电式传感器的输出可以是电压信号，也可以是电荷信号，因此前置放大器也有两种形式，即电压放大器和电荷放大器。

（1）电压放大器。

电压放大器的作用是将压电式传感器的高输出阻抗经放大器变换为低阻抗输出，

并将微弱的电压信号进行适当放大。因此，也把这种测量电路称为阻抗变换器，如图 2 – 57 所示。

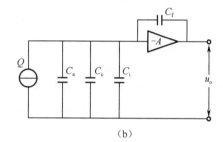

图 2 – 57 电压放大器

串联输出型压电元件可以等效为电压源，但由于压电效应引起的电容量很小，因而其电压源等效内阻很大，在接成电压输出型测量电路时，要求前置放大器不仅有足够的放大倍数，而且应具有很高的输入阻抗。

（2）电荷放大器。

电荷放大器是另一种专用的前置放大器，是一个具有深度负反馈的高增益放大器，其等效电路如图 2 – 58（a）所示。由于放大器的输入阻抗极高，放大器输入端几乎没有电流，故可略去 $R_a$、$R_i$ 并联电阻的影响，等效电路如图 2 – 58（b）所示。

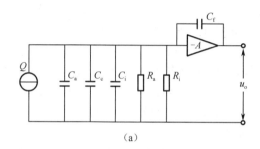

（a）                              （b）

图 2 – 58 电荷放大器电路

在实际应用中，由于电压放大器使所配接的压电式传感器的电压灵敏度将随电缆分布电容及传感器自身电容的变化而变化，而且电缆的更换会引起重新标定的麻烦，因此对于电荷放大器，它既便于远距离测量，又是目前已被公认的一种较好的冲击测量放大器。

### 3. 压电片的连接方式

在实际应用中，单片压电元件产生的电荷量甚微，为了提高压电式传感器的输出灵敏度，常采用两片（或两片以上）同型号的压电元件黏结在一起。

从作用力来看，元件是串接的，因而每片受到的作用力相同，产生的变形和电荷数量大小都与单片时相同。因此，压电片常见的连接方式主要有并联连接和串联连接两种。连接方式如图 2 – 59（a）所示。从电路上看，这是并联接法，类似两个电容的并联。所以，外力作用下正负电极上的电荷量 $Q' = 2Q$ 增加了 1 倍，$C' = 2C$ 电容量也增加了 1 倍，输出电压与单片时相同，即 $U' = U$。

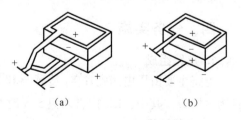

图 2 – 59 压电片的连接方式
（a）并联连接；（b）串联连接

而由图 2 – 59（b）所示的电路上看是串联的，两压电片中间黏结处正负电荷中和，上、下极板的电荷量 $Q' = Q$ 与单片时相同，总电容量 $C' = C/2$ 为单片的一半，输出电压

$U' = 2U$ 增大了 1 倍。

比较两种接法，并联接法输出电荷大，时间常数大，宜用于测量缓变信号，并且适用于以电荷作为输出量的场合。而串联接法，输出电压大，本身电容小，适用于以电压作为输出信号且测量电路输入阻抗很高的场合。

**4. 压电式传感器的应用**

压电式传感器可以广泛应用于力以及可以转换为力的物理量的测量，如可以制成测力传感器、加速度传感器、金属切削力测量传感器等，也可制成玻璃破碎报警器，广泛用于文物保管、贵重商品保管等。

（1）压电式传感器单向测力传感器。

单向测力传感器主要由石英晶片、绝缘套、电极、上盖及基座等组成，如图 2 – 60 所示。传感器上盖为传力元件，它的外缘壁厚为 0.1 ~ 0.5 mm，当外力作用时，它将产生弹性变形，将力传递到石英晶片上。石英晶片采用 $XY$ 切型，利用其纵向压电效应，通过 $d_{11}$ 实现力 – 电转换。石英晶片的尺寸为 $\phi 8 \times 1$ mm。该传感器的测力范围为 0 ~ 50 N，最小分辨率为 0.01，固有频率为 50 ~ 60 kHz，整个传感器重 10 g。

（2）压电式加速度传感器。

压电式加速度传感器结构如图 2 – 61 所示。它的结构主要由弹簧、壳体、质量块、压电片及基座等组成。当加速度传感器和被测物一起受到冲击振动时，压电元件受质量块惯性力的作用，根据牛顿第二定律，此惯性力是加速度的函数，即

$$F = ma \tag{2-49}$$

测量时，将基座与试件刚性固定在一起，使传感器感受与试件相同频率的振动，质量块就有一正比于加速度的交变力作用在压电片上。由于压电效应，在压电片的两个表面就有电荷产生，经转换电路处理，则可以测得加速度大小。

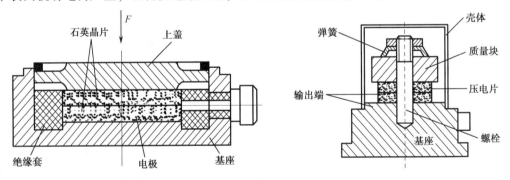

图 2 – 60 压电式传感器单向测力传感器结构　　图 2 – 61 压电式加速度传感器结构

## 四、任务实施

### 1. 电路组成

电路主要由压电陶瓷片 $X_1$ 传感器和 $X_2$ 陶瓷蜂鸣器及少数的电阻、电容等电子元件为主构成。其中，$IC_1$ 内含两只 555 时基电路和双时基电路。

### 2. 电路的设计

电路的设计原理如图 2 – 62 所示。

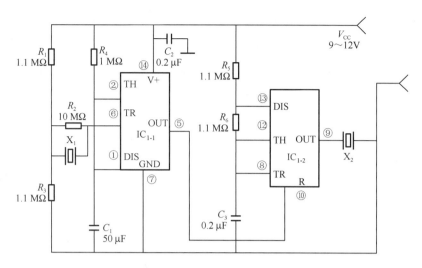

图 2-62　振动报警器电路的设计原理

### 3. 电路原理分析

当压电陶瓷片 $X_1$ 传感器受到外界的振动而产生形变或当受力时，就会在 $IC_{1-1}$ 的⑥脚外接的 10 MΩ 的电阻上产生电压信号，并触发时基电路，使压电片 $X_2$ 发出报警声。

$IC_{1-2}$ 集成电路与外围元器件共同构成的是一个多谐振荡器，产生约为 5 Hz 的低频调制信号，该信号驱动 $X_2$ 发出经调制的报警声。

## 五、拓展知识

### 1. 压电式传感器应用特点

（1）灵敏度和分辨率高，线性范围大，结构简单，牢固，可靠性好，寿命长。

（2）体积小，质量轻，刚度强度、承载能力和测量范围大，频带宽，动态误差小。

（3）易于大量生产，便于选用，使用和校准方便，并适用于近测、遥测。

### 2. 压电材料的主要特性参数

（1）压电常数。压电常数是衡量材料压电效应强弱的参数，它直接关系到压电输出的灵敏度。

（2）弹性常数。压电材料的弹性常数、刚度决定着压电器件的固有频率和动态特性。

（3）介电常数。对于一定形状、尺寸的压电元件，其固有电容与介电常数有关，而固有电容又影响着压电式传感器的频率下限。

（4）机械根合系数。在压电效应中，其值等于转换输出能量（如电能）与输入能量（如机械能）之比的平方根，它是衡量压电材料机电能转换效率的一个重要参数。

（5）电阻。压电材料的绝缘电阻将减少电荷泄漏，从而改善压电式传感器的低频特性。

（6）居里点。压电材料开始丧失压电特性的温度称为居里点。

常用压电材料性能见表 2-1。

表 2 – 1　常用压电材料性能

| 性能＼压电材料 | 石英 | 钛酸钡 | 锆钛酸铅 PZT – 4 | 锆钛酸铅 PZT – 5 | 锆钛酸铅 PZT – 8 |
|---|---|---|---|---|---|
| 压电系数/(pC·N$^{-1}$) | $d_{11}=2.31$ $d_{14}=0.73$ | $d_{15}=260$ $d_{31}=-78$ $d_{33}=190$ | $d_{15}\approx410$ $d_{31}=-100$ $d_{33}=230$ | $d_{15}\approx670$ $d_{31}=-185$ $d_{33}=600$ | $d_{15}\approx330$ $d_{31}=-90$ $d_{33}=200$ |
| 相对介电常数 $\varepsilon_r$ | 4.5 | 1 200 | 1 050 | 2 100 | 1 000 |
| 居里点温度/℃ | 573 | 115 | 310 | 260 | 300 |
| 密度/($10^3$ kg·m$^{-3}$) | 2.65 | 5.5 | 7.45 | 7.5 | 7.45 |
| 弹性模量/($10^3$ N·m$^{-2}$) | 80 | 110 | 83.3 | 117 | 123 |
| 机械品质因数 | $10^5\sim10^6$ | | ≥500 | 80 | ≥800 |
| 最大安全应力/($10^3$ N·m$^{-2}$) | 95~100 | 81 | 76 | 76 | 83 |
| 体积电阻率/(Ω·m) | $>10^{12}$ | $10^{10}$(25 ℃) | $>10^{10}$ | $10^{11}$(25 ℃) | |
| 最高允许温度/℃ | 550 | 80 | 250 | 250 | |
| 最高允许湿度/% | 100 | 100 | 100 | 100 | |

## 六、任务练习题

（1）什么是压电效应？常见的压电材料有哪些？

（2）常见的压电式传感器的测量电路有哪些？压电式传感器为什么不能用于静态力的测量？

# 项目三 / 温度和环境量的检测

## 任务一　电热水器温度控制器的设计与制作

### 一、任务描述

利用热敏电阻制作电热水器温度控制器，当电热水器内水温低于设定值时，接通电源加热，加热指示灯点亮。当电热水器内水温高于设定值时，断开电源停止加热。热敏电阻如图 3-1 所示。

### 二、任务目标

（1）掌握热敏电阻传感器的特点和工作原理。
（2）掌握热敏电阻传感器的测量电路。
（3）了解热电偶的工作原理及其温度补偿。
（4）能够选用合适的温度传感器进行电路的设计。

### 三、知识链接

图 3-1　热敏电阻

#### 1. 热敏电阻传感器

热敏电阻是由金属氧化物陶瓷半导体材料，经成型、高温烧结等工艺制成的测温元件，还有一部分热敏电阻由碳化硅材料制成。其优点是电阻温度系数大、电阻率大、体积小、热惯性小，适宜测量点温、表面温度及快速变化的温度；其结构简单、力学性能好。缺点是线性度较差，复现性和互换性较差。

热电阻和热敏电阻

1）热敏电阻的结构和工作原理

热敏电阻的基本工作原理是利用半导体材料的电阻率随温度变化而显著变化的特点，当温度发生变化时，热敏电阻的电阻值也发生变化，利用测量电路对电阻值的变化进行测量，并将电阻值的变化转换为电流或电压变化，从而使电压或电流的变化与温度的变化成一定的关系，完成温度的测量。

热敏电阻是由一些金属氧化物，如钴（Co）、锰（Mn）、镍（Ni）等的氧化物采用不同比例配方混合，研磨后加入黏合剂，埋入适当引线（铂丝），挤压成型再经高温烧结而成。

热敏电阻根据使用要求不同，可制成珠状、片状、杆状、垫圈状等各种形状，如图 3-2 所示。

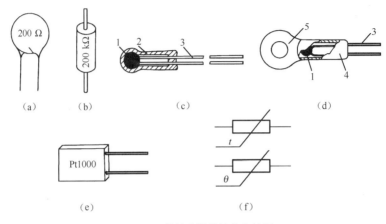

图 3-2　热敏电阻的结构和符号

（a）圆片型热敏电阻；（b）柱型热敏电阻；（c）珠型热敏电阻；

（d）铠装型（带安装孔）热敏电阻；（e）厚膜型热敏电阻；（f）图形符号

1—热敏电阻；2—玻璃外壳；3—引出线；4—紫铜外壳；5—传热安装孔

工业测量主要用珠型热敏电阻，其外形如图 3-3 所示。将珠型热敏电阻烧结在两根铂丝上，外面涂覆玻璃层，并用杜美丝与铂丝相接引出，外面再用玻璃管作保护套管，保护套管外径为 3~5 mm，若把热敏电阻配上不平衡电桥和指示仪表，则成为半导体点温度计。

2）热敏电阻的热电特性

根据热敏电阻的阻值和温度之间的关系，可以把热敏电阻分成 3 种类型，分别是负温度系数热敏电阻 NTC、正温度系数热敏电阻 PTC 和突变型热敏电阻 CTR，其电阻和温度之间的特性曲线如图 3-4 所示，不同类型的热敏电阻材料如表 3-1 所示。

图 3-3　珠型热敏电阻

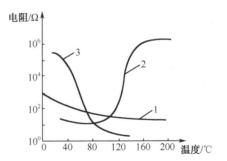

图 3-4　热敏电阻的温度特性曲线

1—负温度系数曲线（NTC）；2—正温度系数曲线（PTC）；

3—临界温度系数曲线（CTR）

（1）负温度系数热敏电阻 NTC。

NTC 热敏电阻的阻值随着温度的升高而减小，是最常见的热敏电阻，它的材料主要是一些过渡金属氧化物半导体陶瓷，如锰、钴、铁、镍、铜等多种氧化物混合烧结而成，多用于温度的测量。

（2）正温度系数热敏电阻 PTC。

PTC 热敏电阻的阻值随温度的升高而增大，典型的 PTC 热敏电阻是在钛酸钡中掺入其他金属离子，以改变其温度系数和临界温度点。它在电子线路中多起限流作用。

（3）突变型热敏电阻 CTR。

CTR 热敏电阻当温度升高到某临界值时，其电阻值随温度升高而降低 3～4 个数量级，即具有很大负温度系数。在某个温度范围内阻值急剧下降，曲线斜率在此区段特别陡峭，灵敏度极高。此特性可用于自动控温和报警电路中。

表 3－1  热敏电阻的材料

| 大 分 类 | 小 分 类 | | 代 表 例 子 |
|---|---|---|---|
| NTC | 单晶 | 金刚石、Ge、Si | 金刚石热敏电阻 |
| | 多晶 | 迁移金属氧化物复合烧结体、无缺陷型金属氧化烧结体多结晶单体、固溶体型多结晶氧化物 SiC 系 | Mn、Co、Ni、Cu、Al 氧化物烧结体，ZrY 氧化物烧结体，还原性 $TiO_3$、Ge、Si；Ba、Co、Ni 氧化物；溅射 SiC 薄膜 |
| | 玻璃 | Ge、Fe、V 等氧化物<br>硫硒碲化合物<br>玻璃 | V、P、Ba 氧化物，Fe、Ba、Cu 氧化物，Ge、Na、K 氧化物，$(As_2Se_3)$ 0.8，$(Sb_2SeI)$ 0.2 |
| | 有机物 | 芳香族化合物<br>聚酰亚釉 | 表面活性添加剂 |
| | 液体 | 电解质溶液<br>熔融硫硒碲化合物 | 水玻璃<br>As、Se、Ge 系 |
| PTC | 无机物 | $BaTiO_3$ 系<br>Zn、Ti、Ni 氧化物系<br>Si 系、硫硒碲化合物 | $(Ba、Sr、Pb)TiO_3$ 烧结体 |
| | 有机物 | 石墨系<br>有机物 | 石墨、塑料<br>石蜡、聚乙烯、石墨 |
| | 液体 | 三乙烯醇混合物 | 三乙烯醇、水、NaCl |
| CTR | | V、Ti 氧化物系，$Ag_2S$、（AgCu）、(ZnCdHg) $BaTiO_3$ 单晶 | V、P、(Ba·Sr) 氧化物<br>$Ag_2S$－CuS |

3）热敏电阻的基本参数

（1）标称阻值 $R_H$（冷阻）。

环境温度为 $(25 \pm 0.2)$℃时，热敏电阻的阻值，单位为 Ω。

（2）电阻温度系数 $\alpha_T$（%/℃）。

温度每变化1 ℃，热敏电阻阻值的相对变化率，单位为%/℃。如不作特别说明，是指20 ℃时的温度系数，即

$$\alpha_T = \frac{1}{R_T} \frac{\mathrm{d}R_T}{\mathrm{d}T} = -\frac{B}{T^2} \tag{3-1}$$

式中    $R_T$——温度为$T$时的阻值。

（3）散热系数$H$。

温度变化1 ℃时，热敏电阻所耗散的功率变化量，单位为W/℃或mW/℃。在工作范围内，当环境温度变化时，$H$值随之变化，其大小与热敏电阻的结构、形状和所处介质的种类及状态有关。

（4）转变温度$T_C$。

热敏电阻器的电阻-温度特性曲线上的拐点温度，主要指正温度系数热敏电阻（PTC）和突变型热敏电阻（CTR）。

4）热敏电阻的应用

热敏电阻具有尺寸小、响应速度快、灵敏度高等优点，因此它在许多领域得到广泛的应用，可用于温度测量、温度控制、温度补偿、稳压稳幅、自动增益调节、气体和液体分析、火灾报警、过热保护等方面。下面介绍几种主要用法。

（1）温度测量。

图3-5所示为热敏电阻体温表的测量原理，利用其原理还可以制作其他测温、控温电路。

调试时，必须先调零再调温度，最后再验证刻度盘中其他各点的误差是否在允许范围之内，上述过程称为标定。具体做法如下：将绝缘的热敏电阻放入32 ℃的温水中待热量平衡后，调节$R_{P1}$，使指针指在32上，再加热水，用更高一级的温度计监测水温，使其上升到45 ℃，待热量平衡后，调节$R_{P2}$，使指针指在"45"上，再加冷水，逐步降温检查32~45 ℃内刻度的准确程度。

（2）温度补偿。

热敏电阻可以在一定范围内对某些元件进行温度补偿。图3-6所示为三极管温度补偿电路。当环境温度升高时，三极管的放大倍数$\beta$随温度的升高将增大，温度每上升1 ℃，$\beta$值增大0.5%~1%，其结果是在相同的$I_B$情况下，集电极电流$I_C$随温度上升而增大，使得输出$U_{SC}$增大，若要使$U_{SC}$维持不变，则需要提高基极电位，减小三极管基极电流。为此选用负温度系数热敏电阻进行温度补偿。

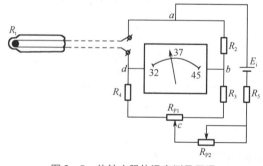

图3-5  热敏电阻体温表测量原理

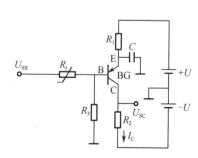

图3-6  热敏电阻用于三极管温度补偿电路

（3）液位测量。

给 NTC 热敏电阻施加一定的加热电流，它的表面温度将高于周围空气的温度，此时它的阻值相对较小。当液面高于其安装高度时，液体将带走它的热量，使之温度下降，阻值升高。根据它的阻值变化，就可以知道液面是否低于设定值。汽车车厢中的油位报警传感器就是利用以上原理制作的。

（4）过载保护。

如图 3-7 所示，$R_{t1}$、$R_{t2}$、$R_{t3}$ 是热电特性相同的 3 个热敏电阻，安装在三相绕组附近。电动机正常运行时，电动机温度低，热敏电阻高，三极管不导通，继电器不吸合，使电动机正常运行。当电动机过载时，电动机温度升高，热敏电阻的阻值减小，使三极管导通，继电器吸合，则电动机停止转动，从而实现保护作用。

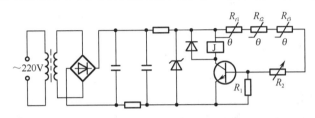

图 3-7　热敏电阻用于电动机过载保护

**2. 热电阻传感器**

在测量 200 W/220 V 普通灯泡冷态阻值时，可发现仅有数十欧，但按 $R = U^2/P$ 计算，其热态阻值为 282 Ω，冷热阻值相差近 10 倍，由此可知，钨丝在不同温度场中阻值是不同的。在金属中，载流子为自由电子，当温度升高时，虽然自由电子数目基本不变（当温度变化范围不是很大时），但每个自由电子的动能将增加，因而在一定的电场作用下，要使这些杂乱无章的电子做定向运动，就会遇到更大的阻力，导致金属电阻值随温度的升高而增加。热电阻就是利用电阻随温度升高而增大这一特性来测量温度的。

1）常用热电阻

热电阻是利用电阻与温度成一定函数关系的特性，由金属材料制成的感温元件。当被测温度变化时，导体的电阻随温度变化而变化，通过测量电阻值变化的大小而得出温度变化的情况及数值大小。热电阻是中、低温区最常用的一种温度检测器。

作为测温用的热电阻材料，希望其具有电阻温度系数大、线性好、性能稳定、使用温度范围宽、加工容易等特点。目前较为广泛应用的热电阻材料为铜、铂、铁和镍等。其中，铂的性能最好，它的适用温度范围为 -200 ~ 960 ℃，其电阻值和温度之间有近似的线性关系。铜热电阻价廉且线性较好，但高温下容易氧化，故只适用于测量 -50 ~ 150 ℃。表 3-2 给出了热电阻的主要性能指标。

表 3-2　热电阻的主要性能指标

| 材料 | 铂（WZP） | 铜（WZC） |
|---|---|---|
| 使用温度范围/℃ | -200 ~ +960 | -50 ~ +150 |
| 电阻率/（Ω·m×10⁻⁶） | 0.098 1 ~ 0.106 | 0.017 |

| 材料 | 铂（WZP） | 铜（WZC） |
|---|---|---|
| $a$（0～100 ℃间电阻温度系数平均值）/℃$^{-1}$ | 0.003 85 | 0.004 28 |
| 化学稳定性 | 在氧化性介质中较稳定，不能在还原性介质中使用，尤其在高温情况下 | 超过100 ℃易氧化 |
| 特性 | 特性近于线性，性能稳定，精度高 | 线性较好，价格低廉，体积大 |
| 应用 | 适用于较高温度的测量，可作为标准测温装置 | 适用于测量低温、无水分、无腐蚀性介质的温度 |

（1）铂热电阻。

铂材料的优点为：物理、化学性能极为稳定，尤其是耐氧化能力很强，并且在很宽的温度范围内（1 200 ℃以下）均可保持上述特性；易于提纯，复制性好，有良好的工艺性，可以制成极细的铂丝或极薄的铂箔；电阻率较高。缺点是：电阻温度系数较小；在还原介质中工作时易被沾污变脆；价格较高。

铂热电阻的阻值与温度的关系近似线性，其特性方程为

当 $-200$ ℃$\leqslant t \leqslant 0$ ℃时，有

$$R_t = R_0 \left[ 1 + At + Bt^2 + C(t - 100)t^3 \right] \tag{3-2}$$

当 $0$ ℃$\leqslant t \leqslant 960$ ℃时，有

$$R_t = R_0 (1 + At + Bt^2) \tag{3-3}$$

式中　$R_t$——温度为 $t$ ℃时铂热电阻的阻值，$\Omega$；

　　　$R_0$——温度为 $0$ ℃时铂热电阻的阻值，$\Omega$；

　　$A$，$B$，$C$——温度系数，其数值分别为 $A = 3.908\ 02 \times 10^{-3}$（1/℃$^2$），

　　　　　　$B = -5.802 \times 10^{-7}$（1/℃），$C = -4.273\ 50 \times 10^{-12}$（1/℃$^4$）。

（2）铜热电阻。

铂金属贵重，因此在一些测量精度要求不高且温度较低的场合，普遍地采用铜热电阻来测量 $-50 \sim +150$ ℃的温度。在此温度范围内，阻值与温度的关系几乎呈线性关系，即可近似表示为

$$R_t = R_0 (1 + \alpha t) \tag{3-4}$$

式中　$\alpha$——电阻温度系数，$\alpha = (4.25 \sim 4.28) \times 10^{-3}$/℃。

铜热电阻温度系数比铂高，而电阻率比铂低，容易提纯，加工性能好，可拉成细丝，价格便宜。缺点是易氧化，不宜在腐蚀性介质或高温下工作。鉴于上述特点，在介质温度不高、腐蚀性不强、测温元件体积不受限制的条件下大都采用铜热电阻。

2）热电阻的结构和类型

金属热电阻按其结构类型来分，有普通型、铠装型和薄膜型等。普通型热电阻由感温元件（金属电阻丝）、骨架、引线、保护套管及接线盒等基本部分组成。

（1）感温元件（金属电阻丝）。

由于铂的电阻率较大，而且相对机械强度较大，通常铂丝的直径为（0.03~0.07）mm ± 0.005 mm。可单层绕制，若铂丝太细，电阻体可做得小些，但强度低；若铂丝粗，虽强度大，但电阻体积大了，热惰性也大，成本高。由于铜的机械强度较低，电阻丝的直径需较大。一般为0.1 mm ± 0.005 mm的漆包铜线或丝包线分层绕在骨架上，并涂上绝缘漆而成。由于铜电阻的温度低，故可以重叠多层绕制，一般多用双绕法，即两根丝平行绕制，在末端把两个头焊接起来，这样工作电流从一根热电阻丝进入，从另一根热电阻丝反向出来，形成两个电流方向相反的线圈，其磁场方向相反，产生的电感就互相抵消，故又称无感绕法。这种双绕法也有利于引线的引出。

（2）骨架。

热电阻是绕制在骨架上的，骨架是用来支持和固定电阻丝的。骨架应使用电绝缘性能好，高温下机械强度高，体膨胀系数小，物理、化学性能稳定，对热电阻丝无污染的材料制造，常用的是云母、石英、陶瓷、玻璃及塑料等。

（3）引线。

引线的直径应当比热电阻丝大几倍，尽量减少引线的电阻，以增加引线的机械强度和连接的可靠性，对于工业用的铂热电阻，一般采用1 mm的银丝作为引线。对于标准的铂热电阻则可采用0.3 mm的铂丝作为引线。对于铜热电阻则常用0.5 mm的铜线。

在骨架上绕制好热电阻丝，并焊好引线之后，在其外面加上云母片进行保护，再装入外保护套管，并和接线盒或外部导线相连接，即得到热电阻传感器。

铂、铜热电阻外形如图3-8所示，结构如图3-9、图3-10所示。

目前，还研制生产了薄膜型热电阻，它是利用真空蒸镀法使铂金属薄膜附着在耐高温基底上。其尺寸可以小至几平方毫米，可将其粘贴在被测高温物体上，测量局部温度，具有热容量小、反应快等特点。

目前我国全面施行"1990国际温标"。按照ITS-90标准，国内统一设计的工业用铂热电阻在0 ℃时的阻值$R_0$有25 Ω、100 Ω等几种，分度号分别用Pt25、Pt100等表示。同样的铜热电阻在0 ℃时的阻值$R_0$有25 Ω、100 Ω两种，分度号分别用Cu25、Cu100表示。通过实验知道，金属热电阻的阻值$R_t$和温度$t$之间呈非线性关系。因此，必须每隔10 ℃测出铂热电阻和铜热电阻规定的温度范围内的$R_t$和$t$之间的对应关系，并制作成表格，这种表格称为热电阻分度表，见附录B。

3）热电阻的测量转换电路

热电阻是把温度变化转换为电阻值变化的一次元件，通常需要把电阻信号通过引线传递到计

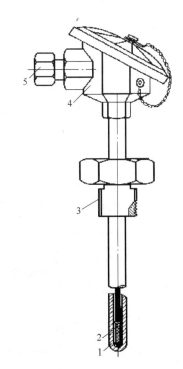

图3-8　热电阻外形
1—保护套管；2—测温元件；3—紧固螺栓；
4—接线盒；5—引出线密封套管

算机控制装置或者其他一次仪表上。工业用热电阻安装在生产现场，与控制室之间存在一定的距离，因此热电阻的引线对测量结果会有较大的影响。目前热电阻的接线方式有两线制、三线制和四线制。工业上一般采用三线制。

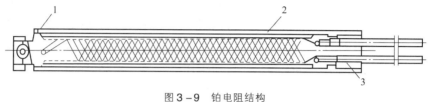

图3-9  铂电阻结构

1—铆钉；2—铂热电阻；3—银质引脚

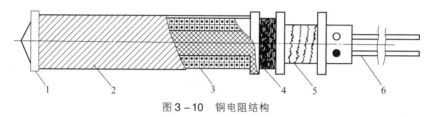

图3-10  铜电阻结构

1—线圈骨架；2—保护层；3—铜电阻丝；4—扎线；5—补偿绕组；6—铜质引脚

（1）两线制。

在热电阻的两端各连接一根导线来引出电阻信号的方式叫作两线制，如图3-11（a）所示。这种引线方法很简单，但由于连接导线必然存在引线电阻 $r$，$r$ 的大小与导线的材质和长度的因素有关，因此这种引线方式只适用于测量精度较低的场合。

（2）三线制。

在热电阻根部的一端连接一根引线，另一端连接两根引线的方式称为三线制，如图3-11（b）所示。这种方式通常与电桥配套使用，将导线一根接到电桥的电源端，其余两根分别接到热电阻所在的桥臂及与其相邻的桥臂上，这样消除了导线线路电阻带来的测量误差，是工业过程控制中的最常用连接方式。

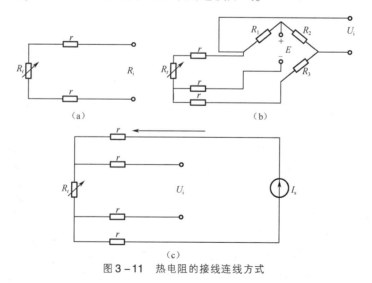

图3-11  热电阻的接线连线方式

（3）四线制。

在热电阻的根部两端各连接两根导线的方式称为四线制，其中两根引线为热电阻提供恒定电流 $I$，把 $R$ 转换成电压信号 $U$，再通过另两根引线把 $U$ 引至二次仪表。可见，这种引线方式可完全消除引线的电阻影响，主要用于高精度的温度检测。

4）热电阻的应用

（1）温度测量。

利用热电阻的高灵敏度进行液体、气体、固体、固熔体等方面的温度测量，是热电阻的主要应用。工业测量中常用三线制接法，标准或实验室精密测量中常用四线制。

图 3 - 12 所示电路可直接作为铂热电阻测温电路应用，对于铜电阻测温，由于其非线性很小（可近似认为线性），无须补偿非线性，只要将图 3 - 12 所示电路中的 $R_4$ 去掉（开路）即可。改变 $R_7$ 的阻值可改变 $IC_{12}$ 的放大倍数，以满足测温范围（量程）要求。应用此电路时，$IC_1$ 可选取普通运算放大器，如双运放 LM358、四运放 LM324 等。$IC_2$ 为仪表放大器，可选 OP - 07。对电阻选择的要求：$R_1$ 为温度稳定性好的精密电阻，其他电阻为同温度系数。

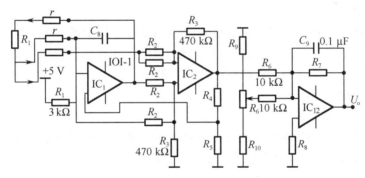

图 3 - 12　铂热电阻测温电路

（2）流量测量。

利用热电阻上的热量消耗和介质流速的关系还可以测量流量、流速、风速等，如图 3 - 13 所示。当介质处于静止状态时，电桥处于平衡位置，此时流量计没有指示。当介质流动时，由于介质带走热量，温度的变化引起阻值的变化，电桥失去平衡而有输出，此时电流计的指示直接反映了流量的大小。

## 四、任务实施

### 1. 电路设计

电路主要由热敏电阻 $R_T$、比较器、驱动电路及加热器 $R_L$ 等组成，如图 3 - 14 所示，通过电路可自动控制加热器的开闭，使水温保持在 90 ℃。

### 2. 工作原理

热敏电阻在 25 ℃ 时的阻值为 100 kΩ，温度系数为 1 K/℃。在比较器的反相输入端加有

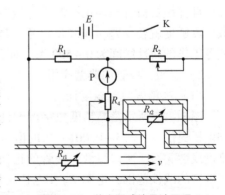

图 3 - 13　热电阻式流量计原理

3.9 V的基准电压，在比较器的同相输入端加有 $R_P$ 和热敏电阻 $R_T$ 的分压电压。当水温低于 90 ℃时，比较器 IC741 输出高电位，驱动 $VT_1$ 和 $VT_2$ 导通，使继电器 K 工作，闭合加热器电路；当水温高于 90 ℃时，比较器 IC741 输出端变为低电位，$VT_1$ 和 $VT_2$ 截止，继电器 K 则断开加热器电路。调节 $R_P$ 可得到要求的水温。

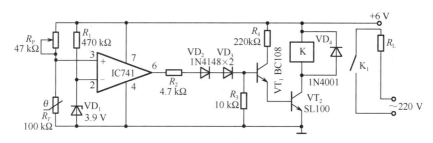

图 3-14　电热水器控温器原理图

## 五、拓展知识

### 1. 温敏二极管

20 世纪 60 年代初期，随着半导体技术和测温技术的发展，发现在一定电流模式下，PN 结的正向电压与温度之间的关系表现出良好的线性。根据这一关系，可以利用二极管进行温度检测。这种二极管称为温敏二极管。

1）温敏二极管的类型

（1）砷化镓温敏二极管。

1963 年研制出了世界上第一支砷化镓温敏二极管，1966 年开始商品化。它的最大优点是在强磁场环境下可以使用。例如，在 2～40 K 温度范围内，2 T 的磁场引入的误差为 0～1 K，4 T 的为 0.6～1 K。

（2）硅温敏二极管。

20 世纪 70 年代，专门的硅温敏二极管问世，比砷化镓温敏二极管问世晚一些，但它的互换性、稳定性、复现性好，而成本低，所以在除强磁场环境中以外的其他场合，基本上取代砷化镓温敏二极管，是目前使用量最大的温敏二极管。如北京半导体器件六厂生产的 2DWM 型硅敏二极管已广泛用于温度测量、控制和补偿。

（3）碳化硅温敏二极管。

硅温敏二极管和砷化镓温敏二极管的上限工作温度通常是 400 K 左右，若温度再高，灵敏度就会变差，非线性严重。碳化硅温敏二极管的上限温度可以达到 750 ℃，实际工作的线性区间为 0～500 ℃，而且还有耐辐射的能力。

2）温敏二极管的典型应用

（1）高精度数字温度计。

图 3-15 所示是高精度数字温度计电路。电路采用电压调节器 CA3085 作恒压源，向电桥提供（1.875 ±0.001）V 的恒压。在电桥电路中，通过温敏二极管的电流与温度呈线性关系，所以温敏二极管的正向电压与温度之间有良好的关系。这个电路扩大了电桥的线性范围，电阻 $R_3$ 使电桥灵敏度变为 1 mV/℃，在 ±200 ℃的量程中温度计的精度为 ±5 ℃；在 ±100 ℃范围内，可得到好于 ±0.1 ℃的精度。探头中不仅包括硅

敏二极管 DA1703，而且包括电阻 $R_S$、$R_P$、$R_9$ 和 $R_{10}$，这几个电阻是为了解决互换性而设置的，可参看前节热敏电阻的互换性和线性的方法。对于不同的二极管，调整可变电阻 $R_S$ 和 $R_P$，可使它们之间有好于 ±0.5 ℃ 的互换性。因此，这种温度计备有可换的探头。

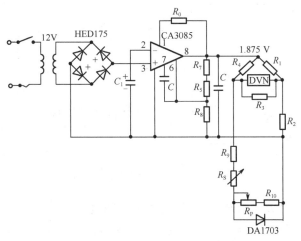

图 3 – 15　高精度桥式数字温度计电路

（2）频率输出温度传感器。

在一些测量场合，要求能够将温度转换成相应数值的频率。图 3 – 16 就是一种具有频率输出的温度传感器电路，它实际上是一种电压 – 频率变换器。温敏二极管 1N914 用来检测温度，工作电流为 1 mA，稳压二极管 1N821 给出 6.2 V 的基准电压，运放 301 A 作为积分器使用。电源通过 1 kΩ 电位器向电容 $C_1$（4 300 pF）充电到 – 10 V 时，单结晶体管 2N2646 导通，使积分复位。这样周而复始，在运算放大器的输出端就得到方波脉冲，脉冲频率正比于同相输入端的输入电压，而这一电压就是温敏二极管的正向电压 $U_F$，由于 $U_F$ 随温度线性变化，所以脉冲频率随温度线性变化。由晶体管 2N2222 组成输出级，给出 TTL 电平的输出脉冲，这样利用 TTL 计数器就可测量输出频率。

此电路测温范围在 0 ~ 100 ℃ 以内，分辨率为 0.1 ℃，精度可达 0.3 ℃。

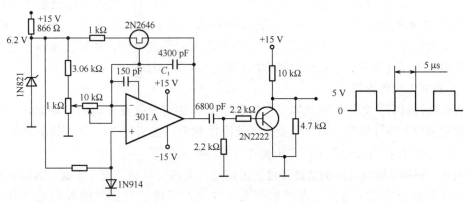

图 3 – 16　频率输出的温度传感器电路

（3）低温液体液位调节系统。

图 3 – 17 给出了一个液氧液位调节系统原理，它由硅温敏二极管 1N4005 和直流放

大器组成。硅温敏二极管置于容器内设定的位置上，当液体上升到这个位置时，电压 $U_F = U_R$，于是放大器输出为零，电磁阀门关闭，输液停止。当液位下降到温敏二极管以下时，$U_F < U_B$，于是放大器有输出，继电器被触发，电磁阀门开启，高压氧气通入液氧储槽，按要求将液氧压入容器。

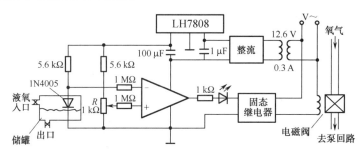

图 3 – 17　液氧液位调节系统原理

线路的灵敏度通过 $R$ 来调节，为了防止电磁阀频繁开关，可作以下调整：当液体低于温敏二极管 2 英寸①时，再启动电磁阀输液，电磁阀的工作状态由发光二极管指示。

### 2. 其他测温传感器

1）温敏晶体管

研究表明，在恒定集电极电流条件下，晶体管发射结上的正向电压随温度上升而近似线性下降，这种特性与二极管温度特性相似，但比二极管有更好的线性和互换性。晶体管温度传感器在 20 世纪 70 年代就达到实用化。图 3 – 18 给出了基本的晶体管温度传感器电路。

传感器以温敏晶体管 MTS102、运放 LM324 和参考电压源 MC7812 组成。

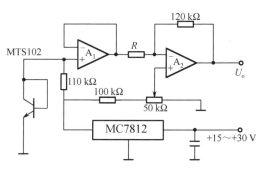

图 3 – 18　基本晶体管温度传感器电路

参考电压源 MC7812 给出稳定电压，一方面通过 110 kΩ 电阻使流过温敏晶体管 MTS102 的集电极电流恒定；另一方面通过 100 kΩ 电阻和 50 kΩ 电位器分压给运放 $A_2$ 的同相输入端提供了一个参考电压，为传感器输出的偏置电压，使得传感器在定标后可以在绝对零度（外推）、摄氏零度和华氏零度给出零电压输出。

2）磁式温度传感器

有些磁性材料，如热敏铁氧体，它的磁导率 $\mu$ 随着温度变化而明显地变化，而且在一特定温度下特性将发生剧烈的变化，该温度称为居里温度 $T_C$，改变铁氧体的组成成分，$T_C$ 可以在相当大的范围内自由变化，其特性示于图 3 – 19 中。

因此，利用热敏铁氧体的这种特性，可以与开关机构联动，或将磁铁、热敏铁氧体与弹簧开关组合应用，制成定温控制开关。改变铁氧体成分，可使控制范围达 0 ~ 200 ℃，定温精度可达 ±1 ℃。

―――――――――――――――――

① 1 英寸 =25.4 毫米。

### 3）电容式温度传感器

以 $BaSrTiO_3$ 为主的陶瓷电容器的介电常数 $\varepsilon$ 随温度的变化而变化，因此其电容量亦随温度而变化，其特性曲线如图 3-20 所示。据此可将被测温度转换为相应的电容，结晶陶瓷电容器的低温特性较好，可用于较低温度的测量。但是，这类陶瓷电容器的容量大都会在高温、高湿状态下发生变化，必须注意防潮。

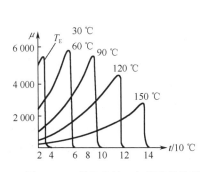

图 3-19 铁氧体的 $\mu$ 与温度的关系

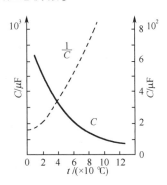

图 3-20 $BaSrTiO_3$ 陶瓷电容器的电容容量与温度的关系

### 4）利用晶体管特性的测温传感器

在电子线路中，曾将 PN 结电压随温度变化的特性（约 $-2.3\ mV/℃$），作为半导体二极管和三极管的一个误差因素，要求在线路设计中设法解决。但是，在温度测量中却是一个可利用的特性。若使集电结处于充分反向偏置，在 $(qU_{be} > KT \gg 1\ K)$ 的条件下，集电报电流 $I_C$ 可近似由下式表示，即

$$I_C \approx I_s \exp\left(\frac{qU_{be}}{KT}\right)$$

## 六、任务练习题

（1）热敏电阻传感器主要有（　　）、（　　）和（　　）三种。

（2）热电阻常用的接线方式有（　　）、（　　）和（　　）三种，其中工业上常用的接线方式为（　　）。

（3）常用的热电阻的材料有（　　）和（　　）。

# 任务二　锅炉炉膛温度计的设计

## 一、任务描述

利用热电偶传感器设计锅炉炉膛温度计，要求能实时监测炉膛温度，通过 4 位数码管以数字形式显示。

## 二、任务目标

（1）掌握热电偶传感器的结构和工作原理。

（2）掌握热电偶传感器的冷端温度补偿方法。

（3）能够利用热电偶传感器进行电路的设计。

## 三、知识链接

### 1. 温度和温标

（1）温度是表示物体冷热程度的物理量。从微观的角度来看，温度标志着物质内部大量分子无规则运动的剧烈程度。温度越高，表示物体内部分子热运动越剧烈。

（2）温标是温度的数值表示方法。它规定了温度读数的起点（即零点）以及温度的单位。各类温度计的刻度均由温标确定。国际上规定的温标有摄氏温标、华氏温标、热力学温标等。

① 摄氏温标。摄氏温标是根据液体（水）受热后体积膨胀的性质建立的。摄氏温标的规定是：在标准大气压（1 013.25 百帕斯卡）下，冰水混合物的温度为 0 ℃，水的沸点为 100 ℃，中间划分为 100 等份，每一等份为 1 ℃（摄氏度），单位符号为 ℃，温度变量记作 $t$。

② 华氏温标。华氏温标也是根据液体（水银）受热后体积膨胀的性质建立的。华氏温标的规定是：在标准大气压（1 013.25 百帕斯卡）下，冰水混合物的温度为 32 ℉，水的沸点为 212 ℉，中间划分为 180 等份，每一等份为 1 ℉（华氏度），单位符号为 ℉，温度变量记作 $t_F$。

摄氏温标和华氏温标有以下关系，即

$$t = \frac{5}{9}(t_F - 32) \qquad (3-5)$$

$$t_F = \frac{9}{5}t + 32 \qquad (3-6)$$

以上两种温标都属于人为规定的，称为经验温标。它们都依赖于物体的物理性质。利用上述两种温标测得的温度的数值，与所选用的物体的物理性质（如水银的纯度）及玻璃管材料等因素有关，不能严格保证世界各国所采用的基本测温单位完全一致。因此，必须找到一种不取决于物质的、更理想的温标来统一各国的基本温度单位。

③ 热力学温标。1848 年英国物理学家开尔文在总结前人温度测量的实践基础上，从理论上提出了热力学温标，热力学温标是建立在热力学第二定律基础上的一种理想温标，又称开氏温标，它与物体的性质无关。它的符号是 $T$，单位是开尔文（K）。温度变量记作 $T$。

热力学温标规定分子停止运动时的温度为绝对零度，水的三相点（气、液、固三态）同时存在且进入平衡状态时的温度为 273.16 K，把从绝对零度到水的三相点之间的温度均匀地分为 273.16 等份，每一份为 1 K。

热力学温标和摄氏温标的关系为

$$t = T - 273.15 \qquad (3-7)$$

### 2. 热电偶传感器的工作原理

热电偶传感器是一种能将温度转换成电动势的装置。目前在工业生产和科学研究中已得到广泛的应用，并且已经可以选用标准的显示仪表和记录仪表来进行显示和记录。

1）热电效应

两种不同材料的导体（或半导体）组成一个闭合回路，当两接点温度 $T$ 和 $T_0$ 不同时，则在该回路中就会产生电动势，这种现象称为热电效应。其中，A 和 B 组成的闭合回路称为热电偶，A、B 称为热电极，两电极的连接点称为接点。测温时置于被测温度场 $T$ 的接点称为热端或测量端，另一端称为冷端或参考端。热电偶产生的热电动势是由两种导体的接触电动势和单一导体的温差电动势组成的，如图 3 – 21 所示。

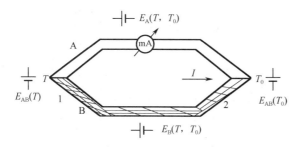

图 3 – 21　热电偶回路的热电动势　　　　　认识热电偶

（1）接触电动势。

接触电动势是由于两种不同导体的自由电子密度不同而在接触处形成的电动势。当两种不同的金属 A 和 B 接触到一起，如图 3 – 22 所示，在金属 A、B 的接触处将会发生电子扩散，设 A、B 中的自由电子密度分别为 $n_A$ 和 $n_B$，并且 $n_A > n_B$，在单位时间内金属 A 扩散到 B 的电子数要比金属 B 扩散到 A 的电子数多。这样，金属 A 因失去电子而带正电，金属 B 因得到电子而带负电，于是在接点处便形成电位差，即接触电动势。在接触处形成的接触电动势将阻碍电子的进

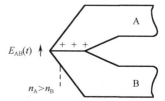

图 3 – 22　热电偶的接触电动势

一步扩散，当电子的扩散作用和上述电场的阻碍扩散作用相等时，接触处的自由电子扩散便达到动态平衡。

接触电动势的数值大小取决于两种不同导体的材料特性和接触点的温度。

（2）温差电动势。

温差电动势是指同一导体的两端因其温度不同而产生的一种电动势。同一导体高温端的电子能量要比低温端的电子能量大，从高温端跑到低温端的电子数比从低温端跑到高温端的要多，结果高温端因失去电子而带正电，低温端因获得多余的电子而带负电，在导体两端便形成温差电动势。温差电动势的大小取决于导体材料和两端温度。

2）热电偶回路的总电动势

根据分析，热电偶回路中共有 4 个电动势，其中接触电动势两个、温差电动势两个。实践证明，热电偶回路中所产生的热电动势主要是由接触电动势引起的，温差电动势所占比例极小，可忽略不计。$E_{AB}(t)$ 和 $E_{AB}(t_0)$ 的极性相反，假设导体 A 的电子密度大于导体 B 的电子密度，A 为正极，B 为负极，回路中的总电动势为

$$E_{AB}(t, t_0) = E_{AB}(t) - E_A(t, t_0) - E_{AB}(t_0) + E_B(t, t_0)$$
$$\approx E_{AB}(t) - E_{AB}(t_0) \tag{3 – 8}$$

式中　$E_{AB}(t)$——A、B 两种材料在温度 $t$ 时的接触电动势；

　　　　$E_{AB}(t_0)$——A、B 两材料在温度 $t_0$ 时的接触电动势；

　　　　$E_A(t,t_0)$——导体 A 在两端温度为 $t$、$t_0$ 时形成的温差电动势；

　　　　$E_B(t,t_0)$——导体 B 在两端温度为 $t$、$t_0$ 时形成的温差电动势。

热电偶的总电动势与两种材料的电子密度及两接点的温度有关，可得到以下结论：

（1）如果热电偶两电极材料相同，则无论两接点温度如何，总电动势为零。

（2）如果热电偶两接点温度相同，尽管 A、B 材料不同，回路中总电动势为零。

（3）当热电极 A、B 确定后，热电动势的大小只和材料及接点温度有关，当冷端温度保持不变时，热电动势为热端温度的单值函数。

对于不同金属组成的热电偶，温度与热电动势之间有不同的函数关系，一般通过实验方法来确定，并将不同温度下所测得的结果列成表格，编制出针对各种热电偶的热电动势与温度的对照表，称为分度表，见附录 A，表中的温度是按照 10 ℃分档，其中间值可按内插法计算，即

$$t_M = t_L + \frac{E_M - E_L}{E_H - E_L} \cdot (t_H - t_L) \tag{3-9}$$

式中　$t_M$——被测温度值；

　　　　$t_H$——较高温度值；

　　　　$t_L$——较低温度值；

　　　　$E_M$，$E_H$，$E_L$——分别为 $t_M$、$t_H$ 和 $t_L$ 对应的热电动势。

### 3. 热电偶传感器的种类和结构形式

1）热电偶的材料

为了提高测量的准确度，对组成热电偶的材料有严格的选择条件。在实际使用中，用作热电极的材料一般具备以下条件：热电动势及热电动势率要大，保证有足够的灵敏度。热电特性最好是线性或近似线性的单值函数关系，能在较宽的温度范围内使用，物理、化学性质要稳定。要有高的电导率、小的电阻温度系数及小的热导率。复制性要好，即用同一种材料制成的热电偶其热电特性要一致，这样便于制作统一的分度表。材料组织要均匀，具有良好的韧性，焊接性能好，以便热电偶的制作。资源要丰富，价格低廉。

2）热电偶的种类

常用热电偶可分为标准热电偶和非标准热电偶两大类。标准热电偶是指国家标准规定了其热电动势与温度的关系、允许误差，并有统一的标准分度表的热电偶，它有与其配套的显示仪表可供选用。非标准热电偶在使用范围或数量级上均不及标准热电偶，一般也没有统一的分度表，主要用于某些特殊场合的测量。表 3-3 是我国采用的符合 IEC 国际标准的 6 种热电偶的主要性能和特点。

表 3-3　标准热电偶的主要特点

| 热电偶名称 | 正热电极 | 负热电极 | 分度号 | 测温范围/℃ | 特　点 |
|---|---|---|---|---|---|
| 铂铑$_{30}$-铂铑$_6$ | 铂铑$_{30}$ | 铂铑$_6$ | B | 0～+1 700（超高温） | 适用于氧化性气氛中测温，测温上限高，稳定性好。在冶金、钢水等高温领域得到广泛应用 |

续表

| 热电偶名称 | 正热电极 | 负热电极 | 分度号 | 测温范围/℃ | 特　点 |
|---|---|---|---|---|---|
| 铂铑$_{10}$–铂 | 铂铑$_{10}$ | 纯铂 | S | 0～+1 600（超高温） | 适用于氧化性、惰性气体中测温，热电性能稳定，抗氧化性强，精度高，但价格贵、热电动势较小。常用作标准热电偶或用于高温测量 |
| 镍铬–镍硅 | 镍铬合金 | 镍硅 | K | –200～+1 200（高温） | 适用于氧化和中性气氛中测温，测温范围很宽、热电动势与温度关系近似线性、热电动势大、价格低。稳定性不如 B、S 型热电偶，但是非贵金属热电偶中性能最稳定的一种 |
| 镍铬–康铜 | 镍铬合金 | 铜镍合金 | E | –200～+900（中温） | 适用于还原性或惰性气氛中测温，热电动势较其他热电偶大，稳定性好，灵敏度高，价格低 |
| 铁–康铜 | 铁 | 铜镍合金 | J | –200～+750（中温） | 适用于还原性气体中测温，价格低，热电动势较大，仅次于 E 型热电偶。缺点是铁极易氧化 |
| 铜–康铜 | 铜 | 铜镍合金 | T | –200～+350（低温） | 适用于还原性气氛中测温，精度高，价格低。在 –200～0 ℃可制成标准热电偶。缺点是铜极易氧化 |

目前，我国工业上常用的有 4 种标准化热电偶，分别是 B 型（铂铑$_{30}$–铂铑$_{6}$）、S 型（铂铑$_{10}$–铂）、K 型（镍铬–镍硅）、E 型（镍铬–铜镍），它们的分度表见附录 A。

3）热电偶的结构

为了保证热电偶可靠、稳定地工作，对它的结构要求如下：组成热电偶的两个热电极的焊接必须牢固；两个热电极彼此之间应很好地绝缘，以防短路；补偿导线与热电偶自由端的连接要方便、可靠；保护套管应能保证热电极与有害介质充分隔离。目前，热电偶的结构形式有普通型热电偶、铠装型热电偶、薄膜型热电偶等。

（1）普通型热电偶。

普通型热电偶一般由热电极、绝缘管、保护管和接线盒等几个部分组成，在工业上使用最广泛。其结构如图 3–23 所示。

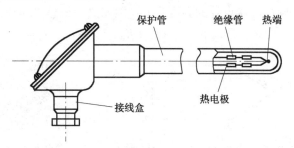

图 3–23　普通型热电偶结构

热电极是热电偶的基本组成部分，使用时有正负极之分。热电极的长度取决于应用需要和安装条件，通常为 300 ~ 2 000 mm，常用长度是 350 mm。绝缘管位于热电极之间以及热电极和保护套管之间进行绝缘保护，防止两根热电极短路，其形状一般为圆形或椭圆形，中间开有 2 个或 4 个孔，热电极穿孔而过；要求室温下绝缘管的绝缘电阻应该在 5 MΩ 以上，常用材料为氧化铝管和耐火陶瓷。保护管是用来隔离热电偶和被测介质，使热电偶感温元件免受被测介质腐蚀和机械损伤；保护管应具备耐高温、耐腐蚀的特性，具备良好的导热性和气密性，常用材料有金属和非金属两类。接线盒用来连接热电偶和补偿导线，根据被测对象和现场环境，分为普通式、密封式两类。

（2）铠装型热电偶。

铠装型热电偶是由热电极、绝缘材料和金属保护套管一起拉制加工而成的坚实缆状组合体，其结构如图 3 – 24 所示。它可以做得细长，使用中随需要任意弯曲。优点：测温端热容量小，动态响应快；机械强度高，挠性好，可安装在结构复杂的装置上。

（3）薄膜型热电偶。

薄膜型热电偶是将两种薄膜热电极材料用真空蒸镀的方法蒸镀到绝缘基板上而制成的一种特殊热电偶。它的热接点可以做得很小（在 μm 量级），具有热容量小、反应速度快（在 μs 量级）等特点，适用于微小面积上的表面温度以及快速变化的动态温度测量。其结构如图 3 – 25 所示。

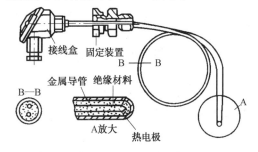

图 3 – 24　铠装型热电偶结构

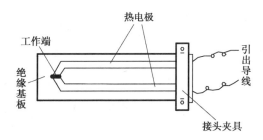

图 3 – 25　薄膜型热电偶结构

### 4. 热电偶传感器的基本定律

1）中间导体定律

在热电偶回路中接入第三种导体，只要第三种导体的两接点温度相同，则回路中总的热电动势不变。

如图 3 – 26 所示，在热电偶回路中接入第三种导体 C。设导体 A 与 B 接点处的温度为 $t$，A 与 C、B 与 C 两接点处的温度为 $t_0$，则回路中的总电动势为

$$E_{ABC}(t,t_0) = E_{AB}(t) + E_{BC}(t_0) + E_{CA}(t_0) \qquad (3-10)$$

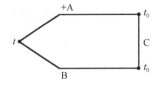

图 3 – 26　热电偶中接入第三种导体

热电偶的基本定律

如果回路中 3 接点的温度相同，即 $t = t_0$，则回路总电动势必为零，即

$$E_{AB}(t_0) + E_{BC}(t_0) + E_{CA}(t_0) = 0 \tag{3-11}$$

或者

$$E_{AB}(t_0) + E_{BC}(t_0) = -E_{CA}(t_0) \tag{3-12}$$

将式（3-12）代入式（3-10），可得

$$E_{ABC}(t, t_0) = E_{AB}(t) - E_{AB}(t_0) \tag{3-13}$$

可以用同样的方法证明，断开热电偶的任何一个极，用第三种导体引入测量仪表，其总电动势也是不变的。

热电偶的这种性质在实用上有着重要的意义，它使我们可以方便地在回路中直接接入各种类型的显示仪表或调节器，也可以将热电偶的两端不焊接而直接插入液态金属中或直接焊在金属表面进行温度测量。

2）标准电极定律

如果两种导体分别与第三种导体组成热电偶，并且热电动势已知，则由这两种导体组成的热电偶所产生的热电动势也就已知。

如图 3-27 所示，导体 A、B 分别与标准电极 C 组成热电偶，若它们所产生的热电动势为已知，即

$$E_{AC}(t, t_0) = E_{AC}(t) - E_{AC}(t_0) \tag{3-14}$$

$$E_{BC}(t, t_0) = E_{BC}(t) - E_{BC}(t_0) \tag{3-15}$$

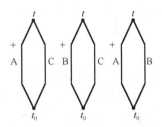

那么，导体 A 与 B 组成的热电偶的热电动势可由式（3-16）求得，即

$$E_{AB}(t, t_0) = E_{AC}(t, t_0) - E_{BC}(t, t_0) \tag{3-16}$$

图 3-27　三种导体分别组成热电偶

标准电极定律是一个极为实用的定律。可以想象，纯金属的种类很多，而合金类型更多。因此，要得出这些金属之间组合而成的热电偶的热电动势，其工作量是极大的。由于铂的物理、化学性质稳定，熔点高，易提纯，所以，通常选用高纯铂丝作为标准电极，只要测得各种金属与纯铂组成的热电偶的热电动势，则各种金属之间相互组合而成的热电偶的热电动势可根据式（3-16）直接计算出来。

例如，热端为 100 ℃，冷端为 0 ℃时，镍铬合金与纯铂组成的热电偶的热电动势为 2.95 mV，而考铜与纯铂组成的热电偶的热电动势为 -4.0 mV，则镍铬和考铜组合而成的热电偶所产生的热电动势应为

$$2.95 \text{ mV} - (-4.0 \text{ mV}) = 6.95 \text{ mV}$$

3）中间温度定律

热电偶在两接点温度 $t$、$t_0$ 时的热电动势等于该热电偶在接点温度为 $t$、$t_n$ 和 $t_n$、$t_0$ 时的相应热电动势的代数和，如图 3-28 所示。

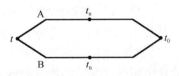

中间温度定律可以用式（3-17）表示，即

图 3-28　热电偶中间温度定律

$$E_{AB}(t, t_0) = E_{AB}(t, t_n) + E_{AB}(t_n, t_0) \tag{3-17}$$

中间温度定律为补偿导线的使用提供了理论依据。它表明，若热电偶的热电极被导体延长，只要接入的导体组成热电偶的热电特性与被延长的热电偶的热电特性相同，

且它们之间连接的两点温度相同，则总回路的热电动势与连接点温度无关，只与延长以后的热电偶两端的温度有关。中间温度定律为在热电偶回路中应用补偿导线提供了理论依据，也为制定和使用热电偶分度表奠定了基础。

**5. 热电偶传感器的冷端温度补偿**

热电动势 $E_{AB}(t,t_0)$ 是两个接点温度的函数。但是，通常要求测量的是一个热源的温度，或者两个热源的温度差，为此，必须固定其中一个接点的温度。对于任何一种实际的热电偶并不是由精确的关系式表示其特性，而是用特性分度表。为了便于统一，分度表上所提供的热电偶特性分度表是在保持热电偶冷端温度为 0 ℃的条件下，给出热电动势与热端温度的数值对照。因此，当使用热电偶测量温度时，如果冷端温度保持 0 ℃，则只要正确地测得电动势，通过对应分度表，即可查得所测的温度。

但在实际测量中，热电偶冷端温度将受环境温度或热源温度的影响，并不为 0 ℃，为了使用特性分度表，对热电偶进行标定，实现对温度的准确测量，需要对热电偶冷端温度进行补偿，补偿方法主要有以下几种。

1）冷端恒温法

在实验室及精密测量中，通常把冷端放入 0 ℃恒温器或装满冰水混合物的容器中，以便冷端温度保持在 0 ℃，为了避免冰水导电，必须把连接点分别置于两个玻璃试管中，浸入到同一个冰点槽，如图 3 - 29 所示。这是一种理想的补偿方法，但工业中使用极为不便，仅限于科学研究中。

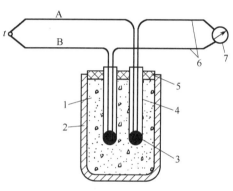

图 3 - 29　冰点槽冷端恒温法
1—冰水溶液；2—冰点槽；3—热电偶冷端；
4—试管；5—冰点槽密封盖；
6—铜导线；7—毫伏表

2）计算校正法

如果热电偶冷端温度不是 0 ℃，而是稳定在某一温度上，可以根据中间温度定律，对测得的热电动势进行计算修正，即

$$E(t,0) = E(t,t_0) + E(t_0,0) \tag{3-18}$$

式中　$t$——热端温度；

　　　$t_0$——冷端实际温度；

　　　0——冷端的标准温度；

　　　$E(t,t_0)$——热电偶工作在 $t$ 和 $t_0$ 时，仪表测出的热电动势；

　　　$E(t,0)$，$E(t_0,0)$——冷端温度为 0 ℃时，热端温度为 $t$ 和 $t_0$ 时的热电动势，可以从热电偶分度表中查得。

【例 3 - 1】　用分度号为 S 的铂铑$_{10}$ - 铂热电偶测炉温，其冷端温度为 30 ℃，而直流电位差计测得的热电动势为 9.481 mV，试求被测温度。

**解：** 查铂铑$_{10}$ - 铂热电偶分度表，得 $E(30,0) = 0.173$ mV，根据中间温度定律得

$$E(t,0) = E(t,30) + E(30,0) = 9.654 \text{ mV}$$

再查该分度表得被测温度 $t = 1\,006.5$ ℃。若不进行校正，则所测 9.481 mV 对应的温度为 991 ℃，误差为 $-15.5$ ℃。

计算校正法适用于热电偶冷端较恒定的情况。在智能仪表中，查表和计算均由计算机完成。

3）补偿导线法

在 100 ℃ 以下的温度范围内，热电特性与所配热电偶相同且价格便宜的导线，称为补偿导线，其连接如图 3 - 30 所示。热电偶的长度一般只有 1 m 左右，实际使用中，由于热电偶冷端离热端较近，冷端温度受热端温度的影响，在很大范围内变化，直接采用冷端温度补偿法将很困难。因此，应先采用补偿导线将冷端远移到温度变化比较平缓的环境中，再进行冷端温度补偿。

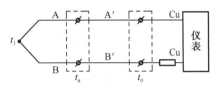

图 3 - 30　补偿导线连接图

补偿导线的作用就是延长热电极，即将热电偶的冷端延伸到温度相对稳定区。补偿导线的类型分为两类：一类是延伸型补偿导线，用于廉价金属热电偶，采用直接延长原电极的方法延长热电偶；另一类是补偿型补偿导线，用于贵金属热电偶和某些非标准热电偶，采用和原电极热电特性相同的材料来延长热电偶。常见的补偿导线见表 3 - 4。

表 3 - 4　补偿导线的类型

| 热电偶类型 | 补偿导线类型 | 补偿导线 | |
|---|---|---|---|
| | | 正极 | 负极 |
| 铂铑$_{10}$ - 铂 | 铜 - 铜镍合金 | 铜 | 铜镍合金（镍的质量百分数为 0.6%） |
| 镍铬 - 镍硅 | Ⅰ型：镍铬 - 镍硅 | 镍铬 | 镍硅 |
| 镍铬 - 镍硅 | Ⅱ型：铜 - 康铜 | 铜 | 康铜 |
| 镍铬 - 康铜 | 镍铬 - 康铜 | 镍铬 | 康铜 |
| 铁 - 康铜 | 铁 - 康铜 | 铁 | 康铜 |
| 铜 - 康铜 | 铜 - 康铜 | 铜 | 康铜 |

【例 3 - 2】　用镍铬 - 镍硅热电偶（K）测量某一实际为 1 000 ℃ 的对象温度。所配用仪表在温度为 20 ℃ 的控制室里，设热电偶冷端温度为 50 ℃。当热电偶与仪表之间用补偿导线或普通铜导线连接时，测得温度各为多少？又与实际温度相差多少？

**解：** 查 K 型热电偶分度表，得 $E(1000,0) = 41.269$ mV，$E(50,0) = 2.022$ mV，$E(20,0) = 0.798$ mV。

若用补偿导线，仪表测得热电动势值为

$$E(1000,20) = E(1000,0) - E(20,0) = 40.471(\text{mV})$$

查分度表得对应的温度为 979.6 ℃。

若用铜导线，仪表测得热电动势值为

$$E(1000,50) = E(1000,0) - E(50,0) = 39.247(\text{mV})$$

查分度表得对应的温度为 948.4 ℃。

两种方法测得的温度相差 31.2 ℃，测量误差分别为 - 20.4 ℃ 和 - 51.6 ℃。

**4）电桥补偿法**

电桥补偿法是利用不平衡电桥产生的电动势来补偿热电偶冷端温度变化所引起的热电动势的变化。如图3-31所示，不平衡电桥（即补偿电桥）由电阻 $r_1$、$r_2$、$r_3$（锰铜丝绕制，电阻温度系数很小）、$r_{Cu}$（铜丝绕制，其阻值随温度升高而增大）4个桥臂和桥路稳压电源所组成，串联在热电偶测温回路中。热电偶冷端与电阻 $r_{Cu}$ 感受相同的温度。设计使电桥在20 ℃（或0 ℃）处于平衡状态，则电桥输出为0（$U_{ab}=0$），此时补偿电桥对热电偶回路的热电动势没有影响。当环境温度变化时，冷端温度随之变化，这将导致热电动势发生变化，但此时 $r_{Cu}$ 阻值也随温度变化而变化，电桥平衡被破坏，电桥输出不平衡电压 $U_{ab}$，适当选择桥臂电阻和电压，可使 $U_{ab}$ 正好补偿由于热电偶冷端温度变化所引起的热电动势的变化。

**6. 热电偶的测温电路**

使用热电偶进行实际温度测量时，根据不同的任务，有以下几种测量电路。

**1）热电偶的正向串联**

如图3-32所示，将两支热电偶依次正负极串联起来，此时回路中的总电动势等于两支热电偶的热电动势之和，如果除以2，就得到该点温度的平均值。若将多支热电偶的测量端置于同一测量点上构成热电堆（如辐射温度计），测量微小温度变化或辐射能时，可大大提高灵敏度。

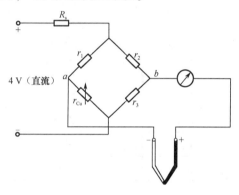

图3-31 补偿电桥

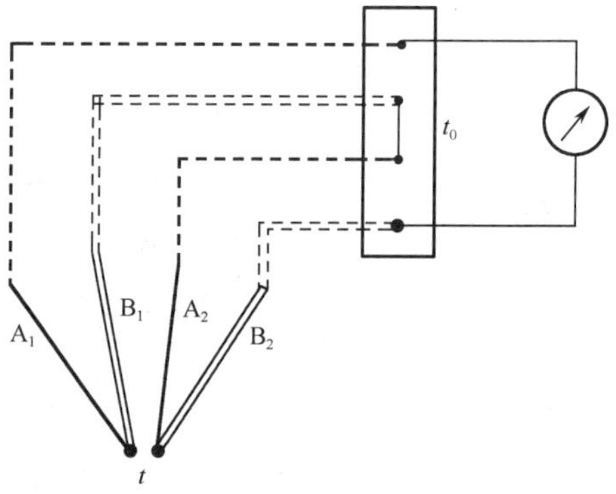

图3-32 热电偶正向串联电路

**2）热电偶的反向串联**

将两支同型号的热电偶反向串联起来，可以测量两点间的温差。如图3-33所示。注意：用这种差动电路测量温差时，两支热电偶的热电特性必须相同且成线性，否则会引起测量误差。

**3）热电偶并联**

将3支同型号的热电偶正极和负极分别接在一起的电路，称为热电偶的并联电

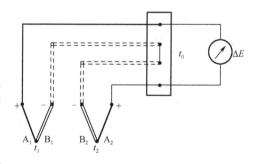

图3-33 热电偶反向串联电路

路，如图3-34所示，此时输入到显示仪表的电动势值为：$E=(E_1+E_2+E_3)/3$。此种电路的特点是，仪表的分度仍然和单独配用一支热电偶时一样。其缺点是，当某一热电偶烧断时，不能很快地觉察出来。

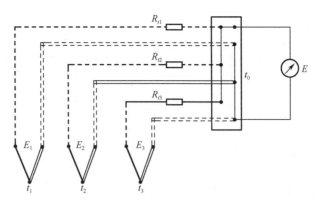

图 3 - 34 热电偶并联电路

### 7. 热电偶传感器的应用实例

常用炉温测量控制系统如图 3 - 35 所示。毫伏定值器给出给定温度的相应毫伏值，热电偶的热电动势与定值器的毫伏值相比较，若有偏差则表示炉温偏离给定值，此偏差经放大器送入调节器，再经过晶闸管触发器推动晶闸管执行器来调整电炉丝的加热功率，直到偏差被消除，从而实现控制温度。

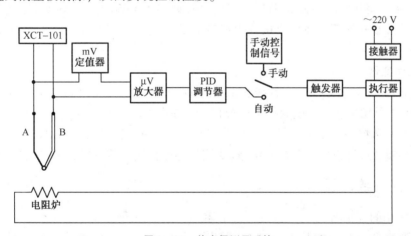

图 3 - 35 热电偶测量系统

## 四、任务实施

### 1. 电路组成

热电偶数字温度计如图 3 - 36 所示，电路主要由 K 型热电偶、MAX6675、89C51 和 4 位共阳极数码管组成。K 型热电偶是工业生产中被广泛应用的廉价高温传感器。但由于产生的信号很微弱（仅约 40 μV/℃），需要精密放大器对其进行放大；冷端在非 0 ℃情况下需进行温度补偿；输出的信号为模拟信号，欲与单片机等数字电路接口时需进行 A/D 转换。因此，以往的热电偶测温电路比较复杂、成本高、精度低，而且容易受到干扰。

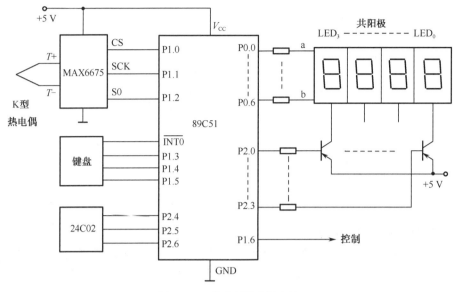

图3-36 热电偶数字温度计

MAXIM公司开发出一种K型热电偶信号转换器MAX6675，该转换器集信号放大、冷端补偿、A/D转换于一体，直接输出温度的数字信号，使温度测量的前端电路变得十分简单。

**2. 工作原理**

MAX6675的片选线CS、时钟线SCK和数据线S0分别与单片机AT89C51的P1.0、P1.1和P1.2引脚相连，温度数据采用模拟SPI方式传送到单片机。单片机对温度信号处理后一方面送数码管显示，另一方面与设定的温度曲线进行比较以实施控制。键盘用于对控制参数进行设定。$E^2$PROM24C02用于存储控制参数，以免掉电丢失。

## 五、任务练习题

（1）常用的温标有（　　）、（　　）和（　　）三种。

（2）热电偶回路中的热电动势包括两种导体的（　　）和单一导体的（　　）两种。

（3）热电偶温度传感器的工作原理是什么？热电动势的组成有几种？

（4）热电偶的基本定律有哪些？其含义是什么？

（5）热电偶的性质有哪些？

（6）为什么要对热电偶进行冷端温度补偿？常用的补偿方法有几种？补偿导线的作用是什么？连接补偿导线要注意什么？

（7）如图3-37所示，用K型（镍铬-镍硅）热电偶测量炼钢炉熔融金属某一点温度，A′、B′为补偿导线，Cu为铜导线。已知$t_1 = 40$ ℃，$t_2 = 0$ ℃，$t_3 = 20$ ℃。

①当仪表指示为39.314 mV时，计算被测点温度$t = ?$

②如果将A′、B′换成铜导线，此时仪表指示为37.702 mV，再求被测点温度$t = ?$

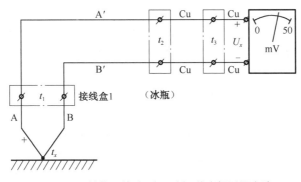

图 3-37　镍铬 – 镍硅（K 型）热电偶测温电路

# 任务三　婴儿尿湿报警电路的设计

## 一、任务描述

利用湿度传感器制作婴儿尿湿报警器，要求能在婴幼儿尿床几分钟内发出报警声，提醒妈妈换尿布，有利于婴幼儿健康。同时可以作为老人尿床和 5 岁以下幼儿生理性遗尿的一种生物反馈疗法。

## 二、任务目标

（1）掌握湿度传感器的特点和工作原理。
（2）能够选用合适的湿度传感器进行电路的设计。

## 三、知识链接

### 1. 湿度的概念

湿度是表征空气中水蒸气含量的物理量。在一定的温度下在一定体积的空气里含有的水蒸气越少，则空气越干燥；水蒸气越多，则空气越潮湿。空气的干湿程度叫作"湿度"，在此意义下，常用绝对湿度、相对湿度和露点等物理量来表示。

湿度检测与控制在现代生产、生活中的地位日渐重要。例如，为避免因空气干燥引起静电，烧坏电路板，造成线路瘫痪，从而引发事故，通信行业动力机房环境对湿度和温度有着严格的要求。为了提高人体的舒适性，应正确控制室内湿度。许多储物仓库湿度过高，物品容易变质。农业生产中的温室育苗、食用菌培养都需要对湿度进行检测与控制。受湿度影响较大的场合，还有如计算机房、印刷车间、洁净室、手术室、实验室、气调库、半导体生产车间、博物馆、档案馆等。

1）绝对湿度

绝对湿度（AH）是指大气中水蒸气的密度，即 1 $m^3$ 大气中所含水蒸气的质量（单位是 $g/m^3$）。要想直接测量大气中的水蒸气含量十分困难，由于水蒸气含量与水蒸气分压强成正比，所以绝对湿度又可以用大气中所含水蒸气的分压强来表示（单位是 Pa）。

2）相对湿度

相对湿度（RH）是指大气中实有水汽压与当时温度下饱和水汽压的百分比，是日常生活中常用来表示湿度大小的方法。当相对湿度达 100% 时，称饱和状态。温度越高，大气吸收水蒸气的能力越强，在某个温度下，气体中所能包含的水蒸气的量达到最多时的状态，就叫作饱和状态。

例如，在 30 ℃，一个大气压下，1 m³ 大气中最多包含 30 g 水蒸气，则此时相对湿度为 100% RH，若是同样的条件下绝对湿度为 15 g/m³，则此时相对湿度为 50% RH，若绝对湿度保持 15 g/m³ 不变，气温下降 10 ℃，则相对湿度又接近 100% RH，所以在阴冷的地下室里，人们会感觉十分潮湿。经测定，专家认为室内最佳湿度为 40% ~ 70% RH。

3）露点

降低温度可以使大气中未饱和的水蒸气变成饱和水蒸气而产生结露现象，此时的温度值称为露点。形象地说，就是空气中的水蒸气变为露珠时的温度叫露点，当该温度低于 0 ℃ 时，又称为霜点。露点与农作物的生长有很大关系，结露也严重影响电子仪器的正常工作，必须予以注意。

**2. 湿度传感器**

现代湿度测量方案主要有两种：干湿球温度计测湿法、电子式湿度传感器测湿法。

1）干湿球温度计

干湿球温度计的测量原理如图 3 - 38 所示，它由两支相同的普通温度计组成，一支用于测定气温，称干球温度计；另一支在球部用蒸馏水浸湿的纱布包住，纱布下端浸入蒸馏水中，称湿球温度计。如果空气中水蒸气量没饱和，湿球的表面便不断地蒸发水汽，并吸取汽化热，因此湿球所表示的温度都比干球所示要低。空气越干燥（即湿度越低），蒸发越快，使湿球所示的温度降低，而与干球间的差增大。相反，当空气中的水蒸气量呈饱和状态时，水便不再蒸发，也

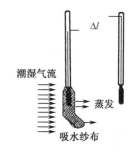

图 3 - 38　干湿球温度计

不吸取汽化热，湿球和干球所示的温度即会相等。使用时，应将干湿球温度计放置距地面 1.2 ~ 1.5 m 的高处。读出干、湿两球所指示的温度差，由该温度计所附的对照表就可查出当时空气的相对湿度。

干湿球温度计测湿法的维护相当简单，在实际使用中，只需定期给湿球加水及更换湿球纱布即可。与电子式湿度传感器相比，干湿球温度计测湿法不会产生老化、精度下降等问题。所以干湿球温度计测湿法更适合于在高温及恶劣环境的场合使用。

2）电子式湿度传感器

电子式湿度传感器是近几十年，特别是近 20 年才迅速发展起来的，主要是采用半导体技术，因此对使用的环境温度有要求，超过其规定的使用温度将对传感器造成损坏。

（1）半导体陶瓷湿敏电阻。

半导体陶瓷湿敏电阻是当今湿度传感器发展的方向，它通常是用两种以上的金属氧化物半导体材料混合烧结而成的多孔陶瓷，近年来研究出许多电阻型湿敏多孔陶瓷

材料，这类元件中较为成熟且具有代表性的是铬酸镁 – 二氧化钛（$MgCr_2O_4 - TiO_2$）陶瓷湿敏元件、五氧化二钒 – 二氧化钛（$V_2O_5 - TiO_2$）陶瓷湿敏元件和氧化锌 – 三氧化二铬（$ZnO - Cr_2O_3$）陶瓷湿敏元件等。

$MgCr_2O_4 - TiO_2$ 是用 P 型半导体 $MgCr_2O_4$ 及 N 型半导体 $TiO_2$ 粉粒为原料，配比混合，烧结成复合型半导体陶瓷，其结构如图 3 – 39 所示。同其他陶瓷相比 $MgCr_2O_4 - TiO_2$ 与空气的接触面积显著增大，所以水蒸气极易被吸附于其表层及孔隙中，使其电阻率下降，其电阻与相对湿度关系曲线如图 3 – 40 所示。

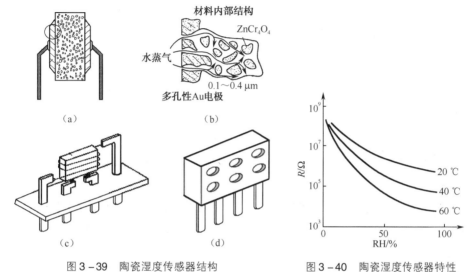

图 3 – 39　陶瓷湿度传感器结构
（a）吸湿单元；（b）材料内部结构；
（c）卸去外壳后的结构；（d）外形

图 3 – 40　陶瓷湿度传感器特性

由于多孔陶瓷置于空气中易被灰尘油烟污染，从而堵塞气孔，使感湿面积下降，所以在使用前需要加热，陶瓷元件的加热去污应控制在 450 ℃，就可以将污物挥发或烧掉。陶瓷湿敏电阻吸湿快而脱湿慢，当吸附的水分子不能全部脱出时，会造成重现性误差及测量误差，可以用重新加热脱湿的方法，即每次使用前先加热 1 min 左右，加热终了应冷却至常温再开始检测湿度。

（2）氯化锂湿敏电阻。

氯化锂湿敏电阻属于无机电解质湿度传感器，其感湿原理为：不挥发性盐（氯化锂）溶解于水，结果降低了水的蒸汽压，同时盐的浓度降低，电阻率增加。氯化锂湿敏元件灵敏、准确、可靠，不受测试环境风速的影响，其主要缺点是在高湿的环境中，潮解性盐的浓度会被稀释，因此，使用寿命短，当灰尘附着时，潮解性盐的吸湿功能降低，重复性变坏。氯化锂湿敏电阻结构包括引线、基片、感湿层和金属电极，如图 3 –41 所示。

氯化锂通常与聚乙烯醇组成混合体，在氯化锂溶液中，Li 和 Cl 均以正负离子的形式存在，$Li^+$ 对水分子的吸引力强，离子水合程度高，其溶液中的离子导电能力与浓度成正比。当溶液置于一定的环境下，若环境湿度较高，则溶液吸收水分，浓度下降，因此溶液电阻率下降；反之，若环境湿度较低，其电阻率增大，从而实现对湿度的测量，氯化锂湿敏电阻的湿度 – 电阻特性曲线如图 3 – 42 所示。

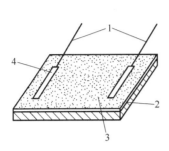

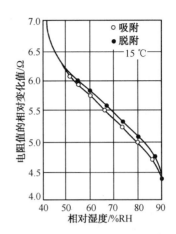

图3-41　氯化锂湿敏电阻的结构　　　　　图3-42　氯化锂湿敏电阻湿度-电阻特性

1—引线；2—基片；3—感湿层；4—金属电极

## 四、任务实施

### 1. 电路设计

整个电路由3个电路单元所组成：由湿度传感器SM与$VT_1$组成电子开关电路，由555时基集成电路和阻容元件组成延时电路；$IC_2$为软封装集成电路。电路结构如图3-43所示。

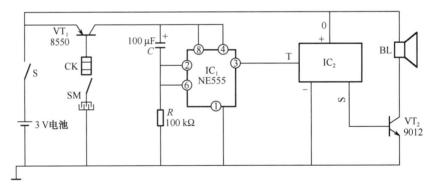

图3-43　婴儿尿湿报警电路结构

### 2. 工作原理

平时湿敏传感器处于开路状态，$VT_1$（PNP型晶体管）集电极无电压输出，这里$VT_1$相当于一个受湿度控制的电子开关。当婴儿尿布尿湿后，湿敏传感器被尿液短路，$VT_1$导通，$VT_1$的集电极电位升高，延时电路便开始工作计时，约10 s后，$IC_1$（555）第③脚输出高电平，触发$IC_2$发出音乐声音，提示监护人及时给婴儿换尿布。

电路设计了一个延时"开"的功能，当婴儿撒尿时，大约10 s后才开始报警，避免惊吓婴儿。

## 五、任务练习题

（1）气体湿度都有哪些表示方法？其单位是什么？

（2）常用的湿度测量方法有（            ）和（            ）。

（3）半导体陶瓷负特性湿敏传感器测试机理，随着湿度的增加，电阻值（            ）。

（4）氯化锂湿敏电阻随着湿度的增加，其电阻值（            ）。

# 任务四  酒精测试仪的设计

## 一、任务描述

利用气敏传感器可制作酒精测试仪，要求当被检测气体含有酒精时，测试仪能报警，并显示酒精含量的高低。

## 二、任务目标

（1）掌握气敏传感器的特点和工作原理。

（2）掌握气敏传感器的测量电路。

（3）能够选用气敏传感器进行电路的设计。

## 三、知识链接

### 1. 气敏传感器的种类和测量原理

利用半导体气敏元件同气体接触，造成半导体性质变化，借此来检测待定气体的成分或者测量其浓度的传感器称为气敏传感器，其外形如图 3-44 所示。气敏传感器主要用于工业中天然气、煤气、石油化工等部门的易燃、易爆、有毒有害气体的监测、预报与自动控制，气敏传感器能够检测气体的种类及主要检测场所，如表 3-5 所示。气敏传感器品种繁多，下面主要介绍金属氧化物半导体气敏元件和氧化锆气敏元件。

图 3-44  气敏元件外形          认识气敏传感器

表 3-5  气敏传感器检测气体的种类及主要检测场所

| 种　类 | 主要检测气体 | 主要检测场所 |
| --- | --- | --- |
| 易燃易爆气体 | 液化石油气、煤气<br>$CH_4$<br>可燃性气体或蒸气<br>CO 等未完全燃烧气体 | 家庭、油库、油场<br>煤矿、油场<br>工厂<br>家庭、工厂 |

| 种　类 | 主要检测气体 | 主要检测场所 |
|---|---|---|
| 有毒气体 | $H_2S$、有机含硫化合物<br>卤族气体、卤化物气体、$NH_3$ 等 | 特定场所<br>工厂<br>家庭、办公室 |
| 环境气体 | $H_2O$（湿度调节等）<br>大气污染物（$SO_2$、$NO_2$、醛等）<br>$O_2$（燃烧控制、空燃比控制） | 电子仪器、汽车、温室等<br>环保<br>引擎、锅炉 |
| 工程气体 | CO（防止燃烧不完全）<br>$H_2O$（食品加工） | 引擎、锅炉<br>电子灶 |
| 其他 | 酒精呼气、烟、粉尘 | 交通管理、防火、防爆 |

1）金属氧化物半导体气敏元件

气敏元件大多是以金属氧化物半导体为基础材料。当被测气体在该半导体表面吸附后，引起其电学特性（如电导率）发生变化。金属氧化物在常温下是绝缘的，制成半导体后却显示气敏特性。金属氧化物半导体分为 N 型半导体（如氧化锡、氧化铁、氧化锌等）和 P 型半导体（如氧化钴、氧化铅、氧化铜等）。

金属氧化物半导体气敏元件通常工作在空气中，根据被测气体氧化还原特性的不同，产生不同的电效应。当 N 型半导体遇到还原性气体（即可燃性气体，在化学反应中能给出电子、化学价升高的气体，如石油蒸气、酒精蒸气、甲烷、乙烷、煤气、天然气、氢气等）时，发生还原反应，电子从气体分子向半导体移动，半导体载流子浓度增加，导电性能增强，电阻减小。当 P 型半导体材料遇到氧化性气体（如氧气、三氧化硫等）时会发生氧化反应，半导体中载流子浓度减小，导电性能减弱，因而电阻增大。对于混合材料，无论吸附氧化性还是还原性气体，都使载流子浓度减少，电阻增大。

MQN 型气敏电阻是应用较多的一种金属氧化物半导体气敏元件，它的结构如图 3-45 所示，包括塑料底座、电极引线、不锈钢网罩、气敏烧结体以及包裹在烧结体中的两组铂丝。其中一组铂丝为工作电极，另一组铂丝（图 3-45 中的左边铂丝）为加热电极兼工作电极。气敏电阻工作时必须加热到 200～300 ℃，其目的是加速被测气体的化学吸附和电离的过程，并烧去气敏电阻表面的污物（起清洁作用）。

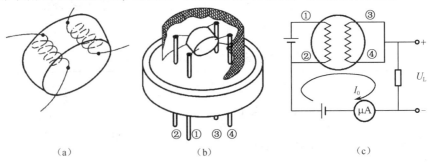

图 3-45　MQN 型气敏电阻结构及测量电路

（a）气敏烧结体；（b）气敏电阻外形；（c）基本测量转换电阻

MQN 型气敏电阻的灵敏度较高，在被测气体浓度较低时电阻变化较大，而当被测气体浓度较高时，电阻变化趋缓，这种特性适用于气体的微量检漏、浓度检测或超限报警。控制烧结体的化学成分及加热温度可以改变它对不同气体的选择性。例如，制成煤气报警器，可以对居室或地下天然气管道进行检漏，还可以制成酒精测试仪，防止酒后驾车。MQN 型气敏电阻对不同气体的灵敏度特性如图 3−46 所示。

图 3−46　MQN 型气敏电阻灵敏度

2）二氧化钛氧传感器

目前测量氧气浓度的传感器（图 3−47）主要有二氧化锆和二氧化钛氧传感器。半导体材料二氧化钛（$TiO_2$）属于 N 型半导体，对氧气十分敏感。其电阻值的大小取决于周围环境的氧气浓度。当周围氧气浓度较大时，氧原子进入二氧化钛晶格，改变了半导体的电阻率，使其电阻值增大。

用于汽车或燃烧炉排放气体中的氧浓度传感器结构及测量转换电路如图 3−48 所示。其中，图 3−48（a）所示为传感器的结构，二氧化钛气敏电阻与补偿热敏电阻同处于陶瓷绝缘体的末端。当氧气含量减小时，$TiO_2$ 的阻值减

图 3−47　氧浓度传感器外形

小，$U_o$ 增大。在图 3−48（b）中，与 $TiO_2$ 气敏电阻串联的热敏电阻 $R_t$ 起温度补偿作用。当环境温度升高时，$TiO_2$ 气敏电阻的阻值会逐渐减小，只要 $R_t$ 也以同样的比例减小，根据分压比定律，$U_o$ 不受温度影响，减小了测量误差。

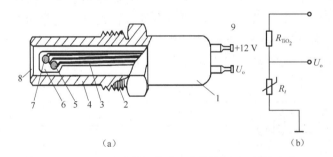

图 3−48　二氧化钛氧传感器的结构与测量转换电路

（a）结构；（b）测量转换电路

1—外壳（接地）；2—安装螺栓；3—搭铁线；4—保护管；
5—补偿电阻；6—陶瓷片；7—$TiO_2$ 气敏电阻；8—进气口；9—引脚

## 2. 气敏传感器的应用

气敏传感器已经广泛应用到石油、化工、电力、家居等各种领域，主要应用类型分检测、报警、监控等。

1）矿灯瓦斯报警器电路

瓦斯报警器电路如图 3−49 所示。电路由 QM−N5 型气敏传感器与 $R_1$、$R_P$ 及矿灯

蓄电池电源（4 V）组成探头电路，二极管 VD2AP13 和三极管 VT$_1$ 组成电子开关，VT$_2$、VT$_3$、$C_1$、$C_2$ 和 $R_2$、$R_3$ 组成互补自激多谐振荡器，并与继电器 K、矿灯 ZD 组成闪光报警电路。矿井中瓦斯浓度超标时，气敏传感器 QM - N5 阻值迅速减小，使得三极管 VT$_1$ 导通，自激多谐振荡器开始工作，继电器 K 不停地通断，致使矿灯 ZD 间断点亮、熄灭，发出闪光报警信号，电位器 $R_P$ 为报警灵敏度调节。

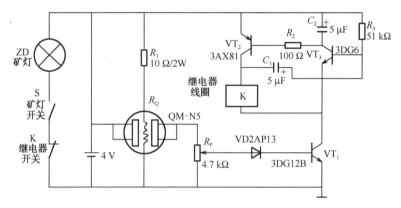

图 3 - 49　矿灯瓦斯报警器电路

为了避免传感器在每次使用前都要预热十多分钟，并且避免在传感器预热期间会造成误报警，所以传感器电路不接于矿灯开关回路内。矿工每天下班后将矿灯蓄电池交给电房充电，充电时传感器处于预热状态。当工人们下井前到充电房领取后可不再进行预热。

2）火灾烟雾报警器电路

火灾烟雾报警器电路结构如图 3 - 50 所示，其中 109 号为烧结型 $SnO_2$ 气敏器件，它对烟雾也很敏感，因此用它制成的火灾烟雾报警器可用于在火灾酿成之前或之初进行报警。电路有双重报警装置，当烟雾或可燃性气体达到预定报警浓度时，气敏器件的电阻减小到使 VD$_3$ 触发导通，蜂鸣器鸣响报警。另外，在火灾发生初期，因环境温度异常升高，将使热传感器动作，使蜂鸣器鸣响报警。

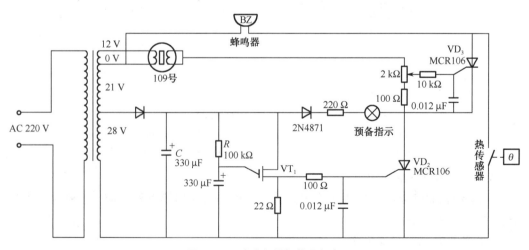

图 3 - 50　火灾烟雾报警器电路

## 四、任务实施

### 1. 电路结构

酒精测试仪电路如图 3 - 51 所示，主要包括 MQ - 3 气敏传感器、稳压模块、LM3914、发光二极管、电阻和电容组成。本测试仪采用酒精气体敏感元件作为探头，由一块集成电路对信号进行比较放大，并驱动一排发光二极管按信号电压高低依次显示。对刚饮过酒的人，只要向探头吹一口气，探测仪就能显示出酒精气体的浓度高低。

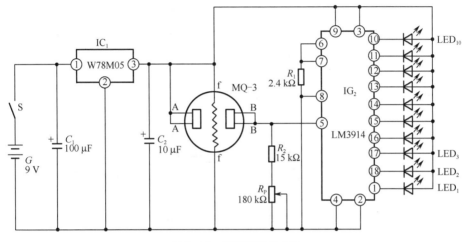

图 3 - 51　酒精测试仪电路

LM3914 是美国国家半导体公司生产的能检测模拟电路、驱动 10 位发光二极管 LED 进行线性模拟显示的单片集成电路，其内部结构如图 3 - 52 所示。10 级分压器浮动可以连接很宽的电压范围，使用者可根据需要使用柱状或点状显示，还可以设计成扇形排列模拟指针式显示。这些优点用于车用模拟式仪表中能发挥良好作用。

### 2. 测量原理

气敏传感器的输出信号送至 $IC_2$ 的输入端（⑤脚），通过比较放大，驱动发光二极管依次发光。10 个发光二极管按 $IC_2$ 的引脚（⑩ ~ ⑱、①）次序排成一条，对输入电压作线性 10 级显示。输入灵敏度可以通过电位器 $R_P$ 调节，即对"地"电阻调小时灵敏度下降；反之，灵敏度增加。$IC_2$ 的⑥脚与⑦脚互为短接，且串联电阻 $R_1$ 接地。改变 $R_1$ 阻值可以调节发光二极管的显示亮度，当阻值增加时亮度减弱；反之更亮。$IC_2$ 的②脚、④脚、⑧脚均接地。③脚、⑨脚接电源 +5 V（集成稳压器 $IC_1$ 的输出端）。分别并联在 $IC_1$ 输入与输出端的电容 $C_1$、$C_2$，防止杂波干扰，使 $IC_1$ 输出的直流电压保持平稳。

注意：在使用气敏传感器时，需要一定的预热时间才会稳定地工作。如果气敏传感器长期不用或接触高浓度的可燃气体后，会出现暂时的"中毒"现象。使用时需将加热电流适当调高，保持 1 ~ 2 min 后再正常使用。使用气敏传感器时，要避免油浸或油垢污染，更不能将气敏传感器长时间放在腐蚀性气体中。不使用时应放在干燥、无腐蚀性气体的环境中。

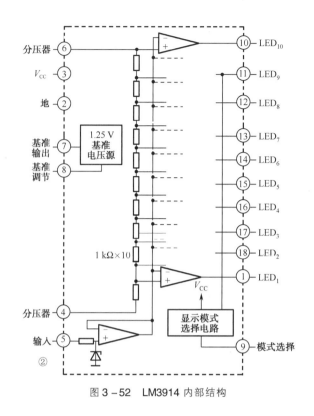

图 3-52　LM3914 内部结构

## 五、任务练习题

（1）对于 N 型半导体材料的气敏传感器，随着气体浓度的增加，引起阻值（　　　　）。
（2）气敏传感器上加热器的作用是（　　　　）和（　　　　）。

# 任务五　培养箱恒温恒湿控制器的设计

## 一、任务描述

设计完成一种集温度和湿度测量、显示、报警、控制于一体的培养箱恒温恒湿控制器。主要功能：用 4 位 LED 实时显示温度和湿度，能够控制温度和湿度在规定的范围之内，当系统采集到的温度或湿度异常时，报警器会发出报警响声，方便对系统状态的监视。

## 二、任务目标

（1）掌握集成温度传感器和集成湿度传感器的工作原理。
（2）能够综合运用集成温度和湿度传感器进行电路的设计与制作。

## 三、知识链接

### 1. 集成温度传感器

集成温度传感器是一种半导体集成电路，内部集成了温度敏感元器件和调理电路。

按照输出信号的模式，可将集成温度传感器大致划分为 3 大类：模拟式集成温度传感器、逻辑输出式集成温度传感器、数字式集成温度传感器。

模拟式集成温度传感器将驱动电路、信号处理电路以及必要的逻辑控制电路集成在单片 IC 上，实际尺寸小、使用方便，它与热电阻、热电偶和热敏电阻等传统的传感器相比，还具有线性好、精度适中、灵敏度高等优点，常见的模拟式集成温度传感器有 LM3911、LM335、LM45、AD22103、AN6701 电压输出型、AD590 电流输出型。

在许多实际应用中，并不需要严格测量温度值，只需关注温度是否超出了一个设定范围，一旦温度超出所规定的范围，则发出报警信号，启动或关闭风扇、空调、加热器或其他控制设备，此时可选用逻辑输出式集成温度传感器，其典型代表有 LM56、MAX6501 – MAX6504、MAX6509/6510。

数字式集成温度传感器集温度传感器与 A/D 转换电路于一体，能够将被测温度直接转换成计算机能够识别的数字信号输出，可以同单片机结合完成温度的检测、显示和控制功能，因此在控制过程、数据采集、机电一体化、智能化仪表、家用电器及网络技术等方面得到广泛应用。

这里介绍几种典型的集成温度传感器。

1）AD590 集成温度传感器

（1）AD590 的结构和特性曲线。

AD590 是美国 AD 公司研制的一种电流输出型模拟式集成温度传感器，其外形结构如图 3 – 53 所示，AD590 的直流工作电压为 + 4 ~ 30 V，最佳使用温度范围为 – 55 ~ 150 ℃，在此测温范围内，测量误差为 ± 0.5 ℃，测量分辨率为 0.1 ℃，它的输出电流 $I$ 为温度的关系，可用式（3 – 19）表示，即

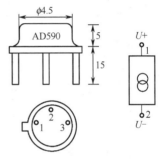

图 3 – 53　AD590 外形和电路符号

$$I = K_{\mathrm{T}}T \quad 或 \quad I = K_{\mathrm{T}}t + 273 \tag{3 – 19}$$

式中　$I$——输出电流，$\mu$A；

　　　$K_{\mathrm{T}}$——标定因子，AD590 的标定因子为 1 $\mu$A/℃；

　　　$T$——热力学温度，K；

　　　$t$——摄氏温度，℃。

AD590 的特性曲线如图 3 – 54 所示。

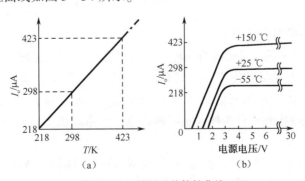

图 3 – 54　AD590 的特性曲线

（a）$I$ – $T$ 特性曲线；（b）$I$ – $U$ 特性曲线

（2）AD590 的应用。

基于 AD590 的特性，可以制作如图 3 – 55 所示的温度测量电路，将温度值转换为与之对应的输出电压信号。

$$I = (273 + t)\,\mu A \quad (t\ 为摄氏温度) \tag{3 – 20}$$
$$U = (I \times 10\ \text{K}) = (2.73 + t/100)\,\text{V} \tag{3 – 21}$$
$$U_2 = U \tag{3 – 22}$$
$$U_o = (100\ \text{K}/10\ \text{K}) \times (U_3 - U_1) = t/10 \tag{3 – 23}$$

式中　$I$——AD590 的输出电流；

　　　$U$——测量的电压值；

　　　$U_2$——电压跟随器的输出电压，目的是利用电压跟随器的输入阻抗高、输出阻抗低的特点进行电路隔离，减小电流 $I$ 的损耗；

　　　$U_o$——最后的输出电压，将被测量温度转化为与之对应的电压的大小。

如果现在为 28 ℃，输出电压为 2.8 V，输出电压接 A/D 转换器，那么 A/D 转换输出的数字量就和摄氏温度成线性比例关系。

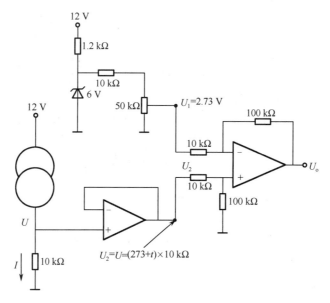

图 3 – 55　AD590 温度测量电路

2）AN6701 集成温度传感器

AN6701 是日本松下公司研制的一种具有灵敏度高、线性度好、高精度和快速响应特点的电压输出型集成温度传感器，它有 4 个引脚，其中①、②脚为输出端，③、④脚接外部校正电阻 $R_C$，用来调整 25 ℃下的输出电压，使其等于 5 V，$R_C$ 的阻值在 3～30 kΩ 范围内。其接线方式有 3 种：正电源供电、负电源供电、输出反相，如图 3 – 56 所示。

实验证明，如果环境温度为 20 ℃，当 $R_C$ 为 1 kΩ 时，AN6701 的输出电压为 3.189 V；当 $R_C$ 为 10 kΩ 时，AN6701 输出电压为 4.792 V；当 $R_C$ 为 100 kΩ 时，AN6701 输出电压为 6.175 V。因此，使用 AN6701 检测一般环境温度时，适当调整校

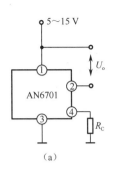 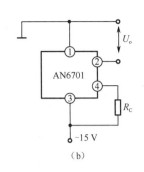 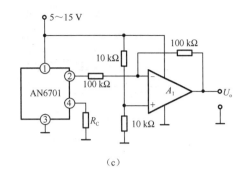

（a）　　　　　　　　（b）　　　　　　　　（c）

图 3-56　AN6701 的接线方式

（a）正电源使用时；（b）负电源使用时；（c）输出反相的电路

正电阻 $R_C$，不用放大器可直接将输出信号送入 A/D 转换器，再给微处理器进行处理、显示、打印或存储。

　　3）DS18B20 集成温度传感器

　　DS18B20 是美国 DALLAS 公司在 DS1820 基础上生产的单线式数字集成温度传感器，其特点是：可将被测温度直接转换成计算机能识别的 9～12 位（最高位为符号位，即"1"为正温度，"2"为负温度）二进制数字信号输出，其测量精度高，信息传送只需一根信号线。DS18B20 测温范围为 -55～+125 ℃，精度为 ±2 ℃，而在 -10～85 ℃，其精度为 ±0.5 ℃。

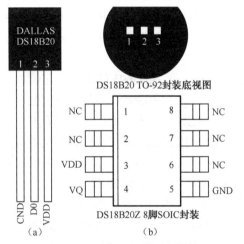

DS18B20 TO-92封装底视图

DS18B20Z 8脚SOIC封装

图 3-57　DS18B20 封装及引脚

（a）封装；（b）引脚

　　DS18B20 有 3 脚 TO-92 封装和 8 脚 SOIC 封装两种，如图 3-57 所示，8 脚 SOIC 封装的芯片中③脚为电源端，④脚为数据输入/输出端，⑤脚接地，其余为空脚。它既可用于单点测温，又可用于多点测温，由于其输出是数字信号，且是 TTL 电平，因此使用非常方便。

　　**2. 集成湿度传感器**

　　集成湿度传感器采用集成电路技术，可在集成电路内部完成对信号的调整，具有精度高、线性好、互换性强等诸多优点，其中典型的器件是 HONEYWELL 公司生产的集成湿度传感器 IH3605。

　　1）IH3605 集成湿度传感器的结构

　　由于 IH3605 内部的两个热化聚合体层之间形成的平板电容器电容量的大小可随湿度的不同发生变化，从而可完成对湿度信号的采集。热化聚合体层同时具有防污垢、灰尘、油及其他有害物质的功能。IH3605 的结构如图 3-58 所示。

　　IH3605 采用 SIP 封装形式，其引脚定义如图 3-59 所示，有 3 个引脚，①脚（-）接地、②脚（OUT）输出与湿度相对应的模拟电压、③脚（+）接电源。

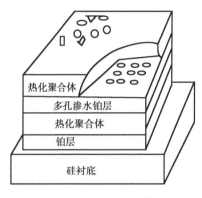

图 3 - 58　IH3605 的结构

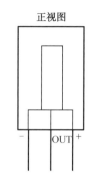

图 3 - 59　IH3605 的引脚

2）IH3605 集成湿度传感器的特性

IH3605 集成湿度传感器的电源电压为 4 ～ 5.8 V，供电电流为 200 μA（5 V DC），精度为 ±2% RH（0 ～ 100% RH、25 ℃、U = 5 VDC），工作温度为 - 40 ～ 85 ℃。IH3605 的输出电压是供电电压、湿度及温度的函数。电源电压升高，输出电压将成比例升高，在实际应用中，通过以下两个步骤可计算出实际的相对湿度值。

（1）首先根据下述计算公式，计算出 25 ℃ 温度条件下相对湿度值 RHO，即

$$U_{OUT} = U_{DC}(0.006\ 2\ RHO + 0.16)$$

式中　$U_{OUT}$——IH3605 的电压输出值；

　　　$U_{DC}$——IH3605 的供电电压值；

　　　RHO——25 ℃ 时的相对湿度值。

（2）进行温度补偿，计算出当前温度下的实际相对湿度值 RH，即

$$RH = RHO/(1.054\ 6 - 0.002\ 16t)$$

式中　RH——实际的相对湿度值；

　　　$t$——当前的温度值，℃。

IH3605 的输出电压与相对湿度的关系曲线如图 3 - 60 所示。

3）IH3605 集成湿度传感器的接口电路

由于 IH3605 的输出电压较高且线性较好，因此电路无须进行信号放大及信号调整。可以将 IH3605 的输出信号直接接到 A/D 转换器上，完成模拟量到数字量的转换。由于 IH3605 的输出信号范围为 0.8 ～ 3.9 V（25 ℃时），所以在选择 A/D 转换器时应选择具有设定最小值和最大值功能的 A/D 转换器 TLC549。

IH3605 的典型接口电路如图 3 - 61 所示，其核心器件采用 AT89C51 单片机，A/D 转换器采用 TLC549 8 位串行 A/D 转换器，$R_1$、$R_2$、$R_3$ 设定 A/D 转换器的最大输入电压，$R_4$、$R_5$、$R_6$ 设置 A/D 转换器的最小输入电压。在单片机内将读到的湿度值进行温度校正，得到实际的相对湿度值。

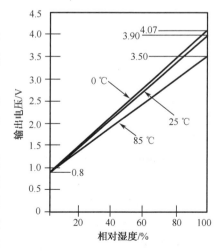

图 3 - 60　输出电压与湿度关系曲线

86

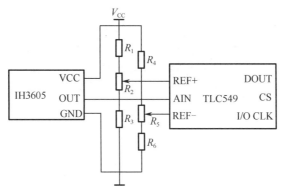

图 3-61 IH3605 接口电路

## 四、任务实施

### 1. 电路设计

温湿度检测仪电路结构如图 3-62 所示，以单片机为核心，配合 IH3605 大信号线性电压输出湿度传感器和 DS18B20 数字温度传感器，实现温、湿度测试的功能，TLC1549 是 10 位模/数转换器。它采用 CMOS 工艺，具有内在的采样和保持，采用差分基准电压高阻输入，抗干扰能力强。

该仪器具有测量精度高、硬件电路简单、显示界面友好、可测试多点温湿度等特点。

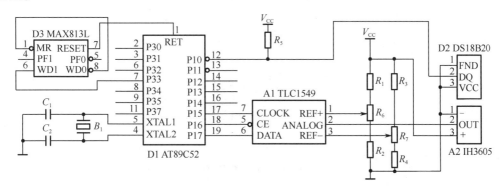

图 3-62 温湿度检测仪

### 2. 工作原理

1）温、湿度检测

数字集成温度传感器 DS18B20 采用外加电源供电方式，可根据测温点数的需要将多个 DS18B20 挂在一根总线上，并与单片机 AT89C52 的 P1.0 口线相连。集成湿度传感器 IH3605 采集湿度信号，经过 A/D 转换器 TLC1549 转换为数字信号送入单片机，并用 LED 显示器实时显示温度和湿度值。

2）温、湿度控制

当采样温度或湿度超出所设报警范围时，单片机对相应 I/O 口执行清零指令。因此，I/O 口输出低电平。由于电路中采用 PNP 三极管，这时继电器会闭合，蜂鸣器电路接通，系统就能够发出报警，同样能通过继电器开启降温装置或加热装置及加湿或减湿装置，使被测环境温度和湿度保持在设定范围内。

被测环境温度或湿度在正常范围内时，单片机对相应 I/O 口执行置"1"指令，I/O 口输出高电平，因此蜂鸣器不报警，且继电器不工作。在本电路中采用 PNP 三极管来提高驱动能力，使继电器工作。降温风扇、加热器及蜂鸣器的电气原理如图 3-63 和图 3-64 所示。

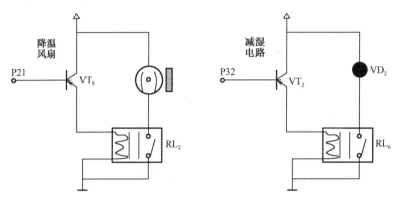

图 3-63　降温风扇、加热器电气原理（加热器用 LED 灯代替）

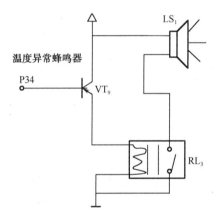

图 3-64　蜂鸣器电气原理

3）数据保存

为了将实时采集的各点温、湿度值保存下来，以便于对历史数据查阅和绘制出实时或历史温、湿度值变化曲线，同时也为便于将历史测量的温、湿度值传送给上位机，由上位机来完成各点温、湿度值的变化规律统计分析，这里扩展了一片基于 $I^2C$ 总线的高性能铁电存储器 FM24C256，该存储器兼具 ROM 和 RAM 的优点。存储容量为 32 KB，由于本系统的数据采集周期可在 1~30 min 的范围内设置。为了便于按采集的日期及时间保存温、湿度值，扩展了 $I^2C$ 总线实时日历时钟 SD2002，该器件可与 FM24C256 挂在同一条 $I^2C$ 总线上。数据保存格式为：小时（1 B）、分钟（1 B）、湿度值（2 B）、温度值（1 B），这样保存全部的 11 个通道温、湿度值所需的存储空间为 35 B，当数据采集周期设定为 10 min 时，可保存 15 h 的温、湿度数据。

## 五、任务练习题

（1）按照输出信号的模式，集成温度传感器分为（　　　　）、（　　　　）和（　　　　）。

（2）集成温度传感器 AD590 属于（　　　　）输出型的，温度每变化（　　　　），电流变化（　　　　）。

（3）集成温度传感器 DS18B20 能将温度值直接转换为（　　　　）。

（4）集成温度传感器 AN6701 的接线方式有（　　　　）、（　　　　）和（　　　　）。

# 项目四 光信号的检测

## 任务一　光控节能路灯电路的设计与制作

### 一、任务描述

利用光敏器件实现能够在黄昏时自动接通路灯的电源，在黎明时自动关闭路灯，实现对路灯的自动控制，要求灵敏度高，灯泡由 220 V 市电供电。

### 二、任务目标

（1）掌握光敏电阻、光敏二极管、光敏三极管等器件的检测方法。
（2）能够运用光敏器件进行电路的设计。
（3）了解光敏器件的结构原理。

### 三、知识链接

**1. 光电传感器**

将光量转换为电量的器件，称为光电传感器或光电元件。光电传感器是将被测量的变化通过光信号变化转换成电信号，具有这种功能的材料称为光敏材料，做成的器件称为光敏器件，具有结构简单、精度高、响应快、非接触等优点，在计算机、自动检测、控制系统中应用非常广泛。

光电传感器的原理

**2. 光电传感器的测量原理**

光具有波粒二象性，由光的粒子说可知，光是以光速运动着的粒子（光子）流，一束频率为 $\nu$ 的光由能量相同的光子所组成，每个光子的能量为

$$E = h\nu$$

可见，光的频率越高（即波长越短），光子的能量越大。因此，对不同频率的光，其光子能量是不相同的，光波频率越高，光子能量越大。用光照射某一物体，可以看作是一连串能量为 $h\nu$ 的光子轰击在这个物体上，此时光子能量就传递给电子，并且是一个光子的全部能量一次性地被一个电子所吸收，电子得到光子传递的能量后其状态就会发生变化，从而使受光照射的物体产生相应的电效应，这种物理现象称为光电效应。光电传感器就是基于此种光电效应制成的。

通常将光电效应分为 3 类：

① 在光线作用下能使电子逸出物体表面的现象，称为外光电效应。基于外光电效应的光电元件有光电管、光电倍增管等。

② 在光线作用下能使物体的电阻率改变的现象，称为内光电效应。基于内光电效应的光电元件有光敏电阻等。

③ 在光线作用下能使物体产生一定方向电动势的现象，称为光生伏特效应。基于光生伏特效应的光电元件有光电池、光敏二极管、光敏三极管等。

1）外光电效应

光子是具有能量的粒子，每个光子具有的能量可由式（4 - 1）确定，即

$$E = h\nu \tag{4 - 1}$$

式中　$h$——普朗克常数，$6.626 \times 10^{-34}$ J·s；

$\quad\quad\nu$——光的频率，Hz。

物体中的电子吸收了入射光子的能量，当足以克服逸出功时，电子就逸出物体表面，产生光电子反射。如果一个电子想要逸出，光子能量 $h\nu$ 必须超过逸出功，超过部分的能量表现为逸出电子的动能。根据能量守恒定理

$$h\nu = \frac{1}{2}mv_0^2 + A_0 \tag{4 - 2}$$

式中　$m$——电子质量；

$\quad\quad v_0$——电子逸出速度。

$\quad\quad A_0$——逸出功。

由式（4 - 2）可知：

（1）光电子能否产生，取决于光子的能量是否大于该物体的表面电子逸出功 $A_0$。不同的物质具有不同的逸出功，这意味着每一个物体都有一个对应的光频阈值，称为极限频率或波长。光线频率低于极限频率时，光子的能量不足以使物体内的电子逸出，因而小于极限频率的入射光，光强再大也不会产生光电子反射；反之，入射光频率高于极限频率，即使光线微弱，也会有光电子射出。

（2）当入射光的频谱成分不变时，产生的光电流与光强成正比，即光强越大，意味着入射光子数目越多，逸出的电子数也就越多。

（3）光电子逸出物体表面具有初始动能 $\frac{1}{2}mv_0^2$，因此外光电效应器件，如光电管即使没有加阳极电压，也会有光电流产生。为了使光电流为零，必须加负的截止电压，而且截止电压与入射光的频率成正比。

2）内光电效应

当光照在物体上，使物体的电阻率发生变化，或产生光生电动势的现象，称为内光电效应。分为光电导效应和光生伏特效应（光伏效应）。

（1）光电导效应。入射光强改变物质电导率的物理现象，称光电导效应。这种效应几乎所有高电阻率半导体都有，由于在入射光作用下电子吸收光子能量，从价带激发到导带过渡到自由状态，同时价带也因此形成自由空穴，使导带电子和价带空穴浓度增大引起电阻率减小。为使电子从价带激发到导带，入射光子的能量 $E_0$ 应大于禁带宽度的能量 $E_g$，电子能级示意如图 4 - 1 所示。基于光电导效应的光电器件有光敏电

阻、光敏二极管、光敏三极管。

（2）光生伏特效应。在光线作用下，物体产生一定方向电动势的现象，称为光生伏特效应。基于该效应的器件有光电池。

当光照射在 PN 结时，如果电子能量大于半导体禁带宽度（$E_0 > E_g$），可激发出电子 – 空穴对。在 PN 结内电场作用下空穴移向 P 区，而电子移向 N 区，使 P 区和 N 区之间产生电压，这个电压就是光生电动势，如图 4 – 2 所示。

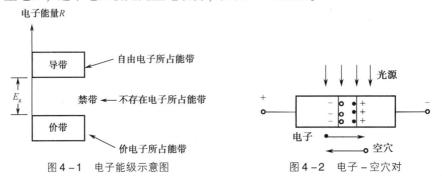

图 4 – 1  电子能级示意图          图 4 – 2  电子 – 空穴对

### 3. 外光电效应的光电器件

利用物质在光的照射下发射电子的外光电效应而制成的光电器件，一般都是真空的或充气的光电器件，如光电管和光电倍增管。

1）光电管的结构与工作原理

光电管有真空光电管和充气光电管两类。两者结构相似，如图 4 – 3（a）所示。它们由一个阴极和一个阳极构成，并且密封在一只真空玻璃管内。阴极装在玻璃管内壁上，其上涂有光电发射材料。阳极通常用金属丝弯曲成矩形或圆形，置于玻璃管的中央。

当光照在阴极上时，中央阳极可收集从阴极上逸出的电子，在外电场作用下形成电流 $I$，如图 4 – 3（b）所示。其中，充气光电管内充有少量的惰性气体（如氩或氖），当充气光电管的阴极被光照射后，光电子在飞向阳极的途中，和气体的原子发生碰撞而使气体电离，因此增加了光电流，从而使光电管的灵敏度增加。但导致充气光电管的光电流与入射光强度不成比例关系，因而使其具有稳定性较差、惰性大、温度影响大、容易衰老等一系列缺点。目前由于放大技术的提高，对于光电管的灵敏度不再要求那样严格，况且真空式光电管的灵敏度也正在不断提高。在自动检测仪表中，由于要求温度影响小和灵敏度稳定，所以一般都采用真空式光电管。

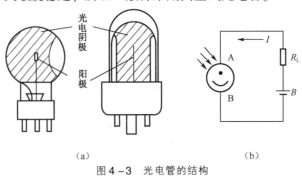

（a）                    （b）

图 4 – 3  光电管的结构

（a）结构；（b）电路

光电器件的性能主要是由伏安特性、光照特性、光谱特性、响应时间、峰值探测率和温度特性来描述的。本书仅对最主要的特性作简单叙述。

2）光电管的伏安特性

在一定的光照射下，光电器件的阴极所加电压与阳极所产生的电流之间的关系，称为光电管的伏安特性。真空光电管和充气光电管的伏安特性分别如图 4 - 4（a）和图 4 - 4（b）所示。它是应用光电传感器参数的主要依据。

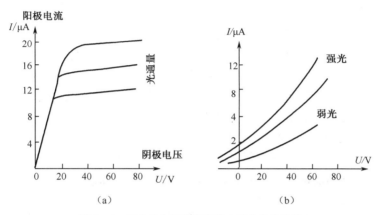

图 4 - 4　真空光电管和充气光电管的伏安特性

（a）真空光电管的伏安特性；（b）充气光电管的伏安特性

3）光电管的光照特性

其特性曲线如图 4 - 5 所示。曲线 1 表示氧铯阴极光电管的光照特性，光电流 $I$ 与光通量呈线性关系。曲线 2 为锑铯阴极的光电管光照特性，它呈非线性关系。光照特性曲线的斜率（光电流与入射光光通量之比）称为光电管的灵敏度。

4）光电倍增管及其基本特性

当入射光很微弱时，普通光电管产生的光电流很小，只有零点几微安，很不容易探测到。这时常用光电倍增管对电流进行放大。

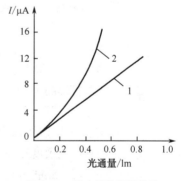

图 4 - 5　光电管的光照特性

（1）光电倍增管的结构。

光电倍增管由光电阴极、次阴极（倍增电极）及阳极 3 部分组成，如图 4 - 6 所示。

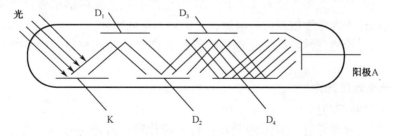

图 4 - 6　光电倍增管的外形和工作原理

K—光电阴极；$D_1$，$D_2$，$D_3$，$D_4$——倍增极；A—光电阳极

光阴极是由半导体光电材料锑铯制成。次阴极是在镍或铜－铍的衬底上涂上锑铯材料而形成的。次阴极多的可达30级，通常为12～14级。阳极是最后用来收集电子的。它输出的是电压脉冲。

（2）光电倍增管的工作原理。

光电倍增管是利用二次电子释放效应实现倍增功能的。高速电子撞击固体表面，发出二次电子，将光电流在管内进行放大。使用时在各个倍增电极上均加上电压，阴极电位最低，从阴极开始，各个倍增电极的电位依次升高，阳极电位最高。同时这些倍增电极用次级发射材料制成，这种材料在具有一定能量的电子轰击下，能够产生更多的"次级电子"。由于相邻两个倍增电极之间有电位差，因此存在加速电场，对电子加速。从阴极发出的光电子，在电场的加速下，打到第一个倍增电极上，引起二次电子发射。每个电子能从这个倍增电极上打出3～6倍个次级电子，被打出来的次级电子再经过电场的加速后，打在第二个倍增电极上，电子数又增加3～6倍，如此不断倍增，阳极最后收集到的电子数将达到阴极发射电子数的 $10^5 \sim 10^6$ 倍，即光电倍增管的放大倍数可达到几万倍到几百万倍。光电倍增管的灵敏度就比普通光电管高几万到几百万倍。因此在很微弱的光照时，它就能产生很大的光电流。

（3）光电倍增管的主要参数。

① 倍增系数 $M$。当各倍增极二次电子发射系数 $\sigma_i = \sigma$ 时，$M = \sigma^n$，则阳极电流为

$$I = i\sigma^n \tag{4-3}$$

式中　$i$——光电阴极的光电流。

光电倍增管的电流放大倍数 $\beta$ 为

$$\beta = I/i = \sigma^n \tag{4-4}$$

$M$ 一般在 $10^5 \sim 10^8$，$M$ 与所加电压有关。

② 光电阴极灵敏度和光电倍增管总灵敏度。一个光子在阴极上能够打出的平均电子数，称为光电阴极的灵敏度。而一个光子在阳极上产生的平均电子数，称为光电倍增管的总灵敏度。灵敏度曲线如图4－7所示。注意：光电倍增管的灵敏度很高，切忌用强光源照射。

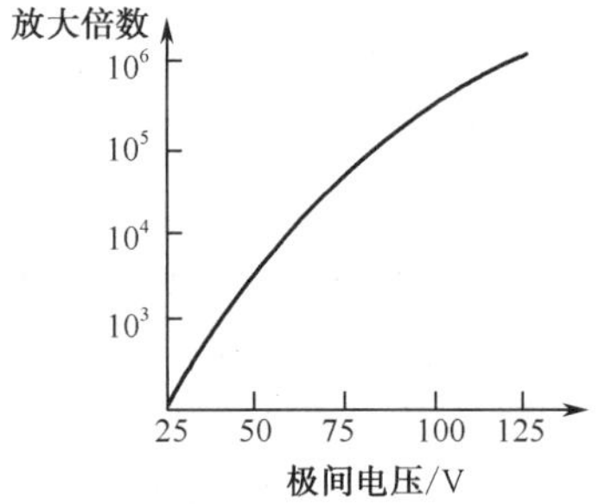

③ 暗电流和本底脉冲。在无光照射（暗室）情况下，光电倍增管加上工作电压后形成的电流称为暗电流。

图4－7　光电倍增管特性曲线

在光电倍增管阴极前面放一块闪烁体，便构成闪烁计数器。当闪烁体受到人眼看不见的宇宙射线照射后，光电倍增管就有电流信号输出，这种电流称为闪烁计数器的暗电流，一般称为本底脉冲。

④光电倍增管的光谱特性。光电倍增管的光谱特性与同材料阴极的光电管的光谱特性相似。

### 4. 内光电效应器件

1）光敏电阻的结构

光敏电阻又称光导管，常用的制作材料为硫化镉，另外还有硒、硫化铝、硫化铅和硫化铋等材料。这些制作材料具有在特定波长的光照射下，其阻值迅速减小的特性。这是由于光照产生的载流子都参与导电，在外加电场的作用下做漂移运动，电子奔向

电源的正极，空穴奔向电源的负极，从而使光敏电阻器的阻值迅速下降。

通常，光敏电阻器都制成薄片结构，以便吸收更多的光能。当它受到光的照射时，半导体片（光敏层）内就激发出电子－空穴对，参与导电，使电路中电流增强。光敏电阻的结构较简单，如图4－8（a）所示。在玻璃底板上均匀地涂上薄薄的一层半导体物质，半导体的两端装上金属电极，使电极与半导体层可靠地电接触，然后将它们压入塑料封装体内。为了防止周围介质的污染，在半导体光敏层上覆盖一层漆膜，漆膜成分的选择应该使它在光敏层最敏感的波长范围内透射率最大。如果把光敏电阻连接到外电路中，在外加电压的作用下，用光照射就能改变电路中电流的大小，如图4－8（b）所示接线电路。光敏电阻器在电路中用字母 $R_g$ 表示。光敏电阻具有很高的灵敏度、很好的光谱特性、很长的使用寿命、高度的稳定性能、很小的体积及简单的制造工艺，所以被广泛用于自动化技术中。

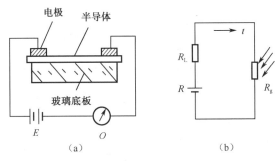

图4－8 光敏电阻结构

（a）结构；（b）接线电路

光敏电阻在受到光的照射时，由于内光电效应使其导电性能增强，电阻 $R_g$ 值下降，所以流过负载电阻 $R_L$ 的电流及其两端电压也随之变化。光线越强，电流越大。当光照停止时，光电效应消失，电阻恢复原值，因而可将光信号转换为电信号。

2）主要参数与特性

根据光敏电阻的光谱特性，可分为3种光敏电阻器。

紫外光敏电阻器：对紫外线较灵敏，包括硫化镉、硒化镉光敏电阻器等，用于探测紫外线。

红外光光敏电阻器：主要有硫化铅、碲化铅、硒化铅、锑化铟等光敏电阻器，广泛用于导弹制导、天文探测、非接触测量、人体病变探测、红外光谱、红外通信等国防、科学研究和工农业生产中。

可见光光敏电阻器：包括硒、硫化镉、硒化镉、碲化镉、砷化镓、硅、锗、硫化锌光敏电阻器等，主要用于各种光电控制系统，如光电自动开关门户、航标灯、路灯和其他照明系统的自动亮灭，自动给水和自动停水装置，机械上的自动保护装置和"位置检测器"，极薄零件的厚度检测器，照相机自动曝光装置，光电计数器，烟雾报警器，光电跟踪系统等方面。

光敏电阻的主要参数如下：

（1）光电流、亮电阻。光敏电阻器在一定的外加电压下，当有光照射时，流过的电流称为光电流，外加电压与光电流之比称为亮电阻。

（2）暗电流、暗电阻。光敏电阻在一定的外加电压下，当没有光照射的时候，流过的电流称为暗电流。外加电压与暗电流之比称为暗电阻。

（3）灵敏度。灵敏度是指光敏电阻不受光照射时的电阻值（暗电阻）与受光照射时的电阻值（亮电阻）的相对变化值。一般暗电阻越大，亮电阻越小，光敏电阻的灵敏度越高。光敏电阻的暗电阻的阻值一般在 MW 数量级，亮电阻在几 kW 以下。暗电阻与亮电阻之比一般在 $10^2 \sim 10^6$，这个数值是相当可观的。

（4）光敏电阻的光谱特性。几种常用光敏电阻材料的光谱特性如图 4-9 所示。对于不同波长的光，光敏电阻的灵敏度是不同的。从图 4-9 中可以看出，硫化镉的峰值在可见光区域，而硫化铅的峰值在红外区域。因此，在选用光敏电阻时应当把元件和光源的种类结合起来考虑，才能获得满意的结果。

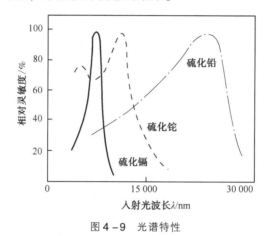

图 4-9　光谱特性

（5）光照特性。光照特性指光敏电阻输出的电信号随光照度而变化的特性。从光敏电阻的光照特性曲线图 4-10 可以看出，随着光照强度的增加，光敏电阻的阻值开始迅速下降。若进一步增大光照强度，则电阻值变化减小，然后逐渐趋向平缓。在大多数情况下，该特性为非线性。光敏电阻不宜作线性测量元件，一般用作开关式的光电转换器。

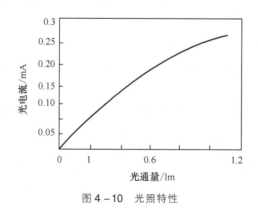

图 4-10　光照特性

（6）伏安特性曲线。伏安特性曲线如图 4-11 所示，用来描述光敏电阻的外加电压与光电流的关系，对于光敏器件来说，其光电流随外加电压的增大而增大。

（7）温度系数。光敏电阻的光电效应受温度影响较大，部分光敏电阻在低温下的光电灵敏度较高，而在高温下的灵敏度则较低。

3）常用的光敏电阻器

由于光敏电阻器对光线特别敏感，即有光线照射时，其阻值迅速减小，无光线照射时，其阻值为高阻状态，因此选用时，应首先确定控制电路对光敏电阻器的光谱特性有何要求，是选用可见光光敏电阻器，还是选用红外光光敏电阻器。

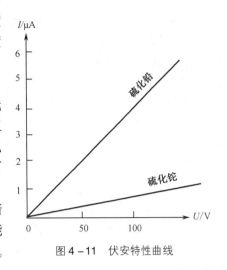

图 4 – 11 伏安特性曲线

另外，选用光敏电阻器时还应确定亮阻、暗阻的范围。此项参数的选择是关系到控制电路能否正常动作的关键。因此，必须予以认真确定。常用光敏电阻器的几项主要参数如表 4 – 1 所示。

表 4 – 1 常用光敏电阻器的主要参数

| 型 号 | 额定功率/mW | 亮阻/kΩ | 暗阻/MΩ | 耐压/V |
|---|---|---|---|---|
| MG41 – 21 | 20 | ≤1 | ≥0.1 | 100 |
| MG41 – 47 | 100 | ≤100 | ≥50 | 150 |
| MG42 – 02 – 05 | 5 | ≥2 ≤20 | ≥0.1 ≤2 | 20 |
| MG43 – 53 | 200 | ≤5 | ≥5 | 250 |
| MG45 – 14 | 50 | ≤10 | ≥10 | 100 |

4）光敏电阻的应用

（1）光敏电阻光控调光电路。

图 4 – 12 所示是一种典型的光控调光电路，其工作原理是当周围光线变弱时引起光敏电阻的阻值增加，使加在电容 $C$ 上的分压上升，进而使可控硅的导通角增大，达到增大照明灯两端电压的目的；反之，若周围的光线变亮，则 $R_g$ 的阻值下降，导致可控硅的导通角变小，照明灯两端电压也同时下降，使灯光变暗，从而实现对灯光照度的控制。

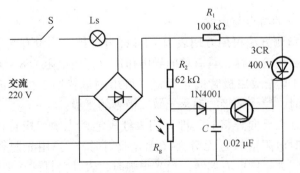

图 4 – 12 光控调光电路

上述电路中整流桥给出的必须是直流脉动电压，不能将其用电容滤波变成平滑直流电压；否则电路将无法正常工作。原因在于直流脉动电压既能给可控硅提供过零关断的基本条件，又可使电容 $C$ 的充电在每个半周从零开始，准确完成对可控硅的同步移相触发。

（2）光敏电阻式光控开关。

以光敏电阻为核心元件的带继电器控制输出的光控开关电路有许多形式，如自锁亮激发、暗激发及精密亮激发、暗激发等，图 4 – 13 所示为一种简单的暗激发继电器开关电路。其工作原理是当照度下降到设置值时由于光敏电阻阻值上升激发 $VT_1$ 导通，$VT_?$ 的激励电流使继电器工作，常开触点闭合，常闭触点断开，实现对外电路的控制。

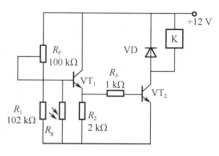

图 4 – 13　光控开关电路

5）光敏二极管及光敏三极管

光敏二极管也叫光电二极管。光敏二极管与半导体二极管在结构上是类似的，其结构如图 4 – 14 所示，其管芯是一个具有光敏特征的 PN 结，具有单向导电性，它装在透明玻璃外壳中，其 PN 结装在管顶，可直接受到光照射。光敏二极管在电路中一般是处于反向工作状态。无光照时，有很小的饱和反向漏电流，即暗电流，此时光敏二极管截止。当受到光照时，饱和反向漏电流大大增加，形成光电流，它随入射光强度的变化而变化。当光线照射 PN 结时，可以使 PN 结中产生电子 – 空穴对，使少数载流子的密度增加。这些载流子在反向电压下漂移，使反向电流增加。因此可以利用光照强弱来改变电路中的电流。常见的有 2CU、2DU 等系列。光敏二极管的光照特性是线性的，所以适合检测等方面的应用。

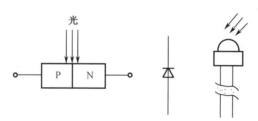

图 4 – 14　光敏二极管的结构符号

（1）光敏二极管的特点与用途。

光敏二极管的检测方法可用万用表 $R \times 1$ kΩ 电阻挡。当没有光照射在光敏二极管上时，它和普通的二极管一样，具有单向导电作用。正向电阻为 8～9 kΩ，反向电阻大于 5 MΩ。如果不知道光敏二极管的正负极，可用测量普通二极管正负极的办法来确定，当测正向电阻时，黑表笔接的就是光敏二极管的正极。

当光敏二极管处在反向连接时，即万用表红表笔接光敏二极管正极，黑表笔接光敏二极管负极，此时电阻应接近无穷大（无光照射时），当用光照射到光敏二极管上时，万用表的表针应大幅度向右偏转，当光很强时，表针会打到 0 刻度右边。

当测量带环极的光敏二极管时，环极和后极（正极）也相当一个光敏二极管，其性能也具有单向导电作用，见光后反向电阻大大下降。

区分环极和前极的办法是，在反向连接情况下，让不太强的光照在光敏二极管上，阻值略小的是前极，阻值略大的是环极。

光敏二极管分有 PN 结型、PIN 结型、雪崩型和肖特基结型，其中用得最多的是 PN 结型，价格便宜。

光敏二极管构成的信号放大和开关电路如图 4 - 15 所示。

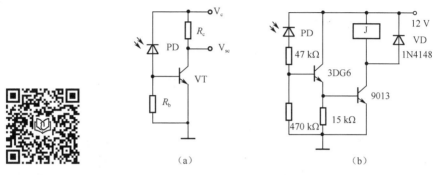

光控电路应用

图 4 - 15　光敏二极管电路

(a) 信号放大电路；(b) 开关电路

（2）光敏三极管。

光敏三极管和普通三极管相似，也有电流放大作用，只是它的集电极电流不只是受基极电流控制，同时也受光辐射的控制。通常基极不引出，但一些光敏三极管的基极有引出，用于温度补偿和附加控制等作用。当具有光敏特性的 PN 结受到光辐射时，形成光电流，由此产生的光生电流由基极进入发射极，从而在集电极回路中得到一个放大了相当于 $\beta$ 倍的信号电流。不同材料制成的光敏三极管具有不同的光谱特性，与光敏二极管相比，具有很大的光电流放大作用，即很高的灵敏度。光敏三极管有 PNP 和 NPN 型两种，如图 4 - 16 所示。

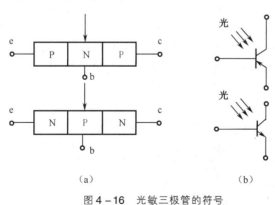

图 4 - 16　光敏三极管的符号

(a) 结构符号；(b) 电路符号

（3）光敏管的主要特性。

① 光敏二极管和光敏三极管的伏安特性。光敏管在一定光照下，其端电压与器件中电流的关系，称为光敏管的伏安特性。图 4 - 17 所示是硅光敏管在不同光照下的伏安特性。

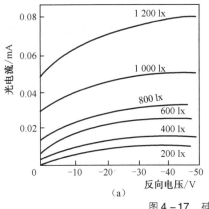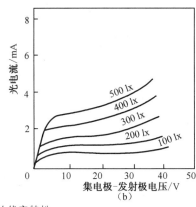

图 4 - 17  硅光敏管的伏安特性

（a）硅光敏二极管；（b）硅光敏三极管

② 光电管的光照特性。在端电压一定的条件下，光敏管的光电流与光照度的关系，称为光敏管的光照特性。硅光敏管的光电特性如图 4 - 18 所示。

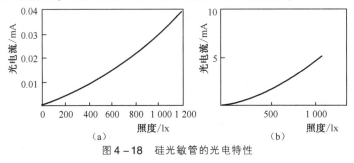

图 4 - 18  硅光敏管的光电特性

（a）硅光敏二极管；（b）硅光敏三极管

③ 光敏三极管的光谱特性。光敏三极管的光谱特性曲线如图 4 - 19 所示。光敏三极管存在一个最佳灵敏度的峰值波长。当入射光的波长增加时，相对灵敏度要下降，这是容易理解的。因为光子能量太小，不足以激发电子 - 空穴对。当入射光的波长缩短时，相对灵敏度也下降，这是由于光子在半导体表面附近就被吸收，并且在表面激发的电子 - 空穴对不能达到 PN 结，因而使相对灵敏度下降。

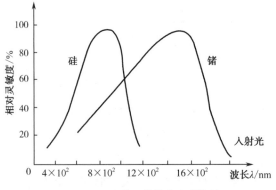

图 4 - 19  光敏晶体管的光谱特性

硅的峰值波长为 900 nm，锗的峰值波长为 1 500 nm。由于锗管的暗电流比硅管大。因此锗管的性能较差，故在可见光或探测赤热状态物体时，一般都选用硅管。但对红外线进行探测时，则采用锗管较合适。

④ 温度特性。在端电压和光照度一定的条件下，光敏管的暗电流及光电流与温度的关系，称为光敏管的温度特性，如图 4 - 20 所示。

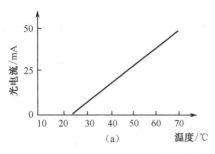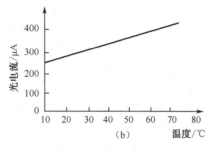

图 4 - 20　光敏管的温度特性

（a）光敏二极管；（b）光敏三极管

⑤ 频率响应。光敏管的频率响应是指具有一定频率的调制光照射光敏管时，光敏管输出的光电流（或负载上的电压）随调制频率的变化关系。图 4 - 21 所示为硅光敏三极管的频率响应曲线。一般情况下，锗管的频率响应低于 5 000 Hz，硅管的频率响应优于锗管。

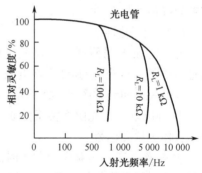

图 4 - 21　硅光敏三极管的频率响应曲线

### 5. 光电池

光电池是利用光生伏特效应将光能直接转变成电能的器件，它广泛用于将太阳能直接转变为电能，因此又称为太阳能电池。光电池的种类很多，应用最广的是硅光电池和硒光电池等。

1）光电池的结构和工作原理

光电池的结构如图 4 - 22 所示，它实质上是一个大面积的 PN 结。当光照射到 PN 结上时，便在 PN 结两端产生电动势（P 区为正，N 区为负）形成电源。

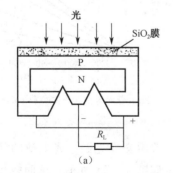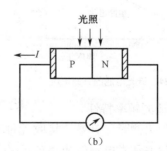

图 4 - 22　硅光电池

（a）结构；（b）工作原理示意图

2）光电池的工作原理

P 型半导体与 N 型半导体结合在一起时，由于载流子的扩散作用，在其交界处形成一过渡区，即 PN 结，并在 PN 结形成一内建电场，电场方向由 N 区指向 P 区，阻止载流子的继续扩散。当光照射到 PN 结上时，在其附近激发电子 – 空穴对，在 PN 结电场作用下，N 区的光生空穴被拉向 P 区，P 区的光生电子被拉向 N 区，结果在 N 区聚集了电子，带负电；P 区聚集了空穴，带正电。这样 N 区和 P 区间出现了电位差，若用导线连接 PN 结两端，则电路中便有电流流过，电流方向由 P 区经外电路至 N 区；若将电路断开，便可测出光生电动势。

3）光电池的基本特性

（1）光谱特性。

光电池对不同波长的光，其光电转换灵敏度是不同的，即光谱特性，如图 4 – 23 所示。

硅光电池：光谱响应范围为 400 ~ 1 200 nm，光谱响应峰值波长在 800 nm 附近。

硒光电池：光谱响应范围为 380 ~ 750 nm，光谱响应峰值波长在 500 nm 附近。

（2）光照特性。

光电池在不同照度下，其光电流和光生电动势是不同的。硅光电池的开路电压和短路电流与光照度的关系曲线如图 4 – 24 所示。

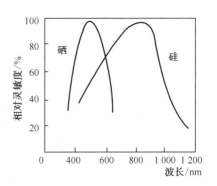

图 4 – 23　光电池的光谱特性

① 开路电压与光照度关系是非线性的，而且在光照度为 1 000 lx 时出现饱和，故其不宜作为检测信号。

② 短路电流（负载电阻很小时的电流）与光照度关系在很大范围是线性的，负载电阻越小，线性度越好（见图 4 – 25），因此，将光电池作为检测元件时，利用其短路电流作为电流源的形式来使用。

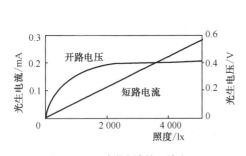

图 4 – 24　硅光电池的开路电压

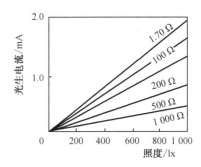

图 4 – 25　硅光电池在不同负载下的光照特性

（3）光电池的频率特性。

光电池在作为测量、计数、接收元件时，常用交变光照。光电池的频率特性就是反映光的交变频率和光电池输出电流的关系，如图 4 – 26 所示。从曲线可以看出，硅光电池有很高的频率响应，可用在高速计数、有声电影等方面。这是硅光电池在所有光电元件中最为突出的优点。

（4）温度特性。

光电池的温度特性是指其开路电压和短路电流随温度变化的关系。图 4 – 27 是硅光电池在 1 000 lx 照度下的温度特性曲线。由图 4 – 27 可见，开路电压随温度升高下降很快，约 3 mV/℃；短路电流随温度升高而缓慢增加，约 $2 \times 10^{-6}$ A/℃。

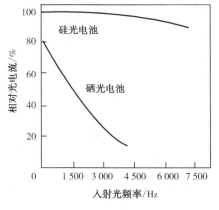

图 4 – 26　光电池的频率特性

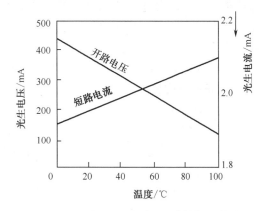

图 4 – 27　光电池的温度特性

## 四、任务实施

### 1. 设计思路

运用光敏元件的特性来实现当光照强度足时自动关闭路灯，而当光照强度不足时，控制继电器吸合，接通路灯回路的电源，达到自动开启路灯的功能。电路设计原理如图 4 – 28 所示。

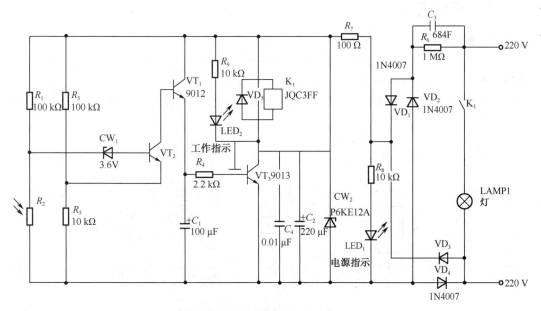

图 4 – 28　光控节能路灯电路的设计

### 2. 工作原理

220 V市电经电容$C_3$降压，$VD_1 \sim VD_4$组成的桥式整流电路后，$R_7$限流，在$CW_2$两端形成一个稳定的12 V直流电压，一路经$R_8$点亮发光管$LED_1$，作为电源指示，另一路作为系统的工作电源。接通电源后，如果是白天，光线较强，光敏电阻$R_2$两端的电压很小，$CW_1$截止，流入$VT_2$基极的电流很小，$VT_1$截止，$VT_3$也截止，继电器不工作。当光线变暗时，$R_2$两端的电压不断上升，当这个电压高于$CW_1$的击穿电压时，$VT_2$导通，$VT_1$和$VT_3$也导通，继电器得电吸合，其触点$K_1$吸合，控制路灯点亮。当光线再次变亮时，$CW_1$截止，相应导致$VT_1$、$VT_2$、$VT_3$截止，继电器断开。

### 3. 调试与安装

焊接步骤如下：

由于采用市电直接供电，因此操作时要特别小心，否则容易发生触电事故。在调试时若有直流稳压电源，可采用12 V直流电源进行调试。等各项功能都正常后，再用市电调试。

12 V电源接于$VD_1$的阴极与地之间，用万用表测量$C_1$两端电压，当光线较强时，$C_1$两端电压为0.5 V以下，用一黑色盒子将感光孔处挡住，此时$C_1$两端的电压变为高于10 V，此时继电器吸合，若听不到继电器吸合的声音，查看$VD_5$是否接反，若$VD_5$接反，由于$VT_3$直接将正电源与地短接，电流较大，有可能损坏$VT_3$。

若以上测试正常，便可以直接接入220 V市电进行调试。在进行这一步时，操作者千万不要用手直接去接触电路板上的任何金属部分。先用万用表测量$CW_2$两端电压，接上电源后，电源指示灯点亮，$CW_2$两端电压在12 V左右，否则说明整流电路有问题，可查看4个二极管有没有焊反。

## 五、拓展知识

### 1. 光控晶闸管

光控晶闸管是利用光信号控制电路通断的开关元件，属3端4层结构，有3个PN结$J_1$、$J_2$、$J_3$，如图4-29所示。其特点在于控制极G上不一定由电信号触发，可以由光照起触发作用。经触发后，A、K间处于导通状态，直至电压下降或交流过零时关断。

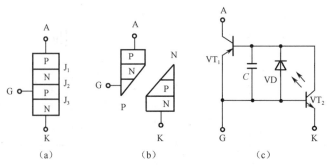

图4-29　光控晶闸管结构及其等效电路

（a）、（b）结构；（c）等效电路

4 层结构可视为两个三极管，如图 4 - 29（b）所示。光敏区为 $J_2$ 结。若入射光照射在光敏区，产生的光电流通过 $J_2$ 结，当光电流大于某一阈值时，晶闸管便由断开状态迅速变为导通状态。考虑光敏区的作用，其等效电路如图 4 - 29（c）所示。无光照时，光敏二极管 VD 无光电流，三极管 $VT_2$ 的基极电流仅是 $VT_1$ 的反向饱和电流，在正常外加电压下处于关断状态。一旦有光照射，光电流 $I_P$ 将作为 $VT_2$ 的基极电流。如果 $VT_1$、$VT_2$ 的放大倍数分别为 $\beta_1$、$\beta_2$，则 $VT_2$ 的集电极得到的电流是 $\beta_2 I_P$。此电流实际上又是 $VT_1$ 的基极电流，因而在 $VT_1$ 的集电极上又将产生一个 $\beta_1\beta_2 I_P$ 的电流，这一电流又成为 $VT_2$ 的基极电流。如此循环反复，产生强烈的正反馈，整个器件就变为导通状态。如果在 G、K 间接一电阻，必将分去一部分光敏二极管产生的光电流，这时要使晶闸管导通，就必须施加更强的光照。可见，用这种方法可以调整器件的光触发灵敏度。

**2. 光控晶闸管的伏安特性**

如图 4 - 30 所示，$E_0$、$E_1$、$E_2$ 代表依次增大的照度，曲线 0 ~ 1 段为高阻状态，表示器件未导通；1 ~ 2 段表示由关断到导通的过渡状态；2 ~ 3 为导通状态。

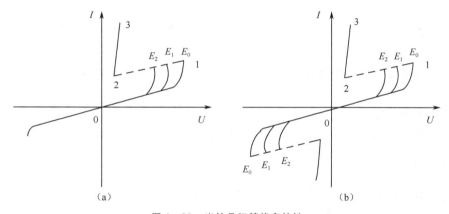

图 4 - 30　光控晶闸管伏安特性

（a）单向晶闸管；（b）双向晶闸管

光控晶闸管作为光控无触点开关使用更方便，它与发光二极管配合可构成固态继电器，体积小、无火花、寿命长、动作快，并具有良好的电路隔离作用，在自动化领域得到广泛应用。

**3. 雪崩式光电二极管**

雪崩式光电二极管的结构如图 4 - 31 所示。它不同于普通二极管的结构，在 PN 结的 P 型区外侧增加一层掺杂浓度极高的 $P^+$ 层。当在其上加高反偏压时，以 P 层为中心的两侧产生极强的内部加速场（可达 $10^5$ V/cm）。当光照射时，$P^+$ 层受光子能量激发的电子从价带跃迁到导带，在高电场作用下，电子以高速通过 P 层，并在 P 区产生碰撞电离，形成大量新生电子 - 空穴对，并且它们也从电场中获得高能量，与从 $P^+$ 层来的电子一起再

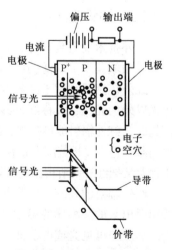

图 4 - 31　雪崩式光电二极管

次碰撞 P 区的其他原子，又产生大批新生电子－空穴对。当所加反向偏压足够大时，不断产生二次电子发射，形成"雪崩"样的载流子，构成强大的光电流。

显然，雪崩式光电二极管的响应时间极短，灵敏度很高，它在光通信中应用前景广阔。

### 六、任务练习题

（1）什么是内光电效应和外光电效应？分别基于内、外效应制成的器件有哪些？
（2）试利用光敏电阻设计一款光控开关电路。
（3）光敏二极管和光敏三极管的特点是什么？

# 任务二 红外自动干手器电路设计与制作

## 一、任务描述

自动干手器是一种高档的卫生洁具，广泛应用于宾馆、酒店和一些公共场所的卫生间。可达到不要毛巾擦干手上水分和防止疾病交叉感染的要求。

（1）要求电路能够通过感应装置，在人们需要干手时，能够自动打开干手和吹风装置。
（2）在干手完成后，自动关闭开关。
（3）要求电路能够调节加热和吹风装置开关打开的时间和关闭的时间。

## 二、任务目标

（1）掌握红外传感器的工作原理。
（2）能够利用红外传感器进行电路的设计。
（3）掌握红外传感器的检测方法。

## 三、知识链接

红外技术发展到现在，已经为大家所熟知，这种技术已经在现代科技、国防和工农业等领域获得了广泛的应用。

红外传感器是基于红外线辐射原理，它是一种不可见光，由于是位于可见光中红色光以外的光线，故称红外线。任何物体只要温度高于绝对零度都会辐射红外线，温度越高，红外辐射能量越强，红外传感器就是将红外能转化为电能的装置，或称为红外探测器。它的波长范围大致在 $0.5 \sim 10^3 \, \mu m$，红外线在电磁波谱中的位置如图 4－32 所示。工程上又把红外线所占据的波段分为 4 部分，即近红外、中红外、远红外和极远红外。

红外辐射的物理本质是热辐射，一个炽热物体向外辐射的能量大部分是通过红外线辐射出来的。物体的温度越高，辐射出来的红外线越多，辐射的能量就越强。红外光的本质与可见光或电磁波性质一样，具有反射、折射、散射、干涉、吸收等特性，它在真空中也以光速传播，并具有明显的波粒二象性。

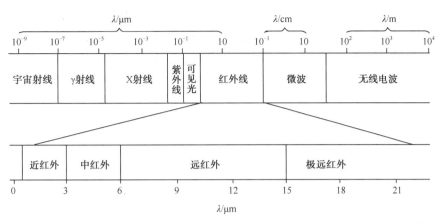

图 4-32 红外线在电磁波谱中的位置

红外辐射和所有电磁波一样，是以波的形式在空间直线传播的。它在大气中传播时，大气层对不同波长的红外线存在不同的吸收带，红外线气体分析器就是利用该特性工作的，空气中对称的双原子气体，如 $N_2$、$O_2$、$H_2$ 等不吸收红外线。而红外线在通过大气层时，有 3 个波段透过率高，它们是 2~2.6 μm、3~5 μm 和 8~14 μm，统称它们为"大气窗口"。这 3 个波段对红外探测技术特别重要，因此红外探测器一般都工作在这 3 个波段（大气窗口）之内。

**1. 红外探测器**

红外传感器一般由光学系统、探测器、信号调理电路及显示单元等组成。红外探测器是红外传感器的核心。红外探测器是利用红外辐射与物质相互作用所呈现的物理效应来探测红外辐射的。红外探测器的种类很多，按探测机理的不同，可分为热探测器（基于热效应）和光子探测器（基于光电效应）两大类。

1）热探测器

热探测器的工作机理是利用红外辐射的热效应，探测器的敏感元件吸收辐射能后引起温度升高，进而使某些有关物理参数发生相应变化，通过测量物理参数的变化来确定探测器所吸收的红外辐射。

与光子探测器相比，热探测器的探测率比光子探测器的峰值探测率低，响应时间长。但热探测器的主要优点是响应波段宽，响应范围可扩展到整个红外区域，可以在常温下工作，使用方便，应用相当广泛。

热探测器主要有 4 类：热释电型、热敏电阻型、热电阻型和气体型。其中，热释电型探测器在热探测器中探测率最高，频率响应最宽，所以这种探测器备受重视，发展很快。这里主要介绍热释电型探测器。

（1）热释电型探测器。

热释电型红外探测器是根据热释电效应制成的，即电石、水晶、酒石酸钾钠、钛酸钡等晶体受热产生温度变化时，其原子排列将发生变化，晶体自然极化，在其两表面产生电荷的现象称为热释电效应。用此效应制成的"铁电体"，其极化强度（单位面积上的电荷）与温度有关。当红外辐射照射到已经极化的铁电体薄片表面上时引起薄片温度升高，使其极化强度降低，表面电荷减少，这相当于释放一部分电荷，如

107

图 4-33 所示，所以叫作热释电型传感器。如果将负载电阻与铁电体薄片相连，则负载电阻上便产生一个电信号输出。输出信号的强弱取决于薄片温度变化的快慢，从而反映出入射的红外辐射的强弱，热释电型红外传感器的电压响应率正比于入射光辐射率变化的速率。

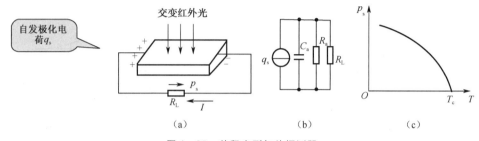

图 4-33　热释电型红外探测器

（a）热释电效应；（b）等效电路；（c）极化强度与温度的关系

静态条件下无法测量热释电晶体的自发极化电荷。

图 4-33 中 $p_s$ 为自发极化强度，即极化电荷密度；$C_a$、$R_a$ 为晶体两端面等效电容和电阻。若忽略 $R_a$、$R_L$，则有

$$I = \frac{U}{Z_C} = \frac{\dfrac{q_s}{C_a}}{\dfrac{1}{\omega \cdot C_a}} = q_s \cdot \omega$$

$$= \omega \lambda A d_T \tag{4-5}$$

式中　$\lambda$——热释系数；

$\quad\quad d_T$——绝对温度的变化量；

$\quad\quad \omega$——红外光的调制角频率；

$\quad\quad A$——入射光照射的面积。

（2）热敏电阻型探测器。

热敏电阻型红外探测器如图 4-34 所示。

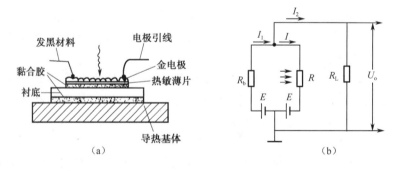

图 4-34　热敏电阻型红外探测器

（a）结构；（b）桥式测量电路

无红外线照射时，有

$$R = R_b, \quad I_1 = I_2, \quad U_o = 0 \tag{4-6}$$

受红外线照射时，有

$$R = R_b(1 + \alpha \Delta T) = R_b + \Delta R \qquad (4-7)$$

其中，$\Delta R = R_b \alpha \Delta T$，因此有

$$U_o \approx \frac{E_1 R_L \alpha \Delta T}{\dfrac{R}{R_b} \cdot (R_b + R_L) + R_L} \approx \frac{E_1 R_L \alpha \Delta T}{R_b + 2R_L}$$

因为 $\Delta T = \sqrt[4]{\dfrac{\Delta M}{\sigma \varepsilon}}$，所以

$$U_o = \frac{E_1 R_L \alpha}{R_b + 2R_L} \sqrt[4]{\frac{\Delta M}{\sigma \varepsilon}}$$

因此，输出电压 $U_o$ 与辐射能量 $\sqrt[4]{\Delta M}$ 成正比。

2）光子探测器

光子探测器的工作机理是利用入射光辐射的光子流与探测器材料中的电子相互作用，从而改变电子的能量状态，引起各种电学现象，这种现象称为光子效应。根据所产生的不同电学现象，可制成各种不同的光子探测器。光子探测器有内光电和外光电探测器两种，后者又分为光电导、光生伏特和光磁电探测器等 3 种。光子探测器的主要特点是灵敏度高、响应速度快，具有较高的响应频率，但探测波段较窄，一般需在低温下工作。

光子探测器的特点是灵敏度高、响应快、探测波段窄和需在低温下工作。

光子探测器的分类：外光电探测器（PE 器件），利用外光电效应的光电管和光电倍增管；内光电探测器，有光电导探测器（PC 器件）、光生伏特探测器（PU 器件）、光磁电探测器（PEM 器件）。

（1）光电导探测器（PC 器件）。

利用光电导效应制成的探测器，称为光电导探测器，如图 4-35 所示。光敏材料主要有 PbS、PbSe、InSb 和 HgCdTe 等。

（2）光生伏特探测器（PU 器件）。

利用光生伏特效应制成的探测器，称为光生伏特探测器，光敏材料主要有 InAs、InSb、HgCdTe 等。

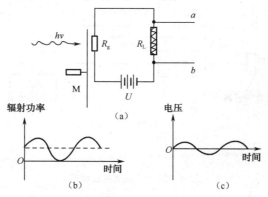

图 4-35 红外光电转换电路及信号波形

（a）电路；（b）、（c）波形

M—调制盘；$R_g$—光电导电阻；$R_L$—负载电阻

（3）光磁电探测器（PEM器件）。

光磁电效应：当红外线照射到某些半导体材料的表面上时，材料表面的电子和空穴向内部扩散，在扩散过程中若受到强磁场的作用，电子和空穴则各偏向一边，因而产生开路电压，这种现象称为光磁电效应。利用光磁电效应制成的红外探测器，称为光磁电探测器。

特点：无须制冷；响应波段达7 μm；时间常数小，响应快；不用加偏压；内阻极低；噪声小；稳定、可靠；灵敏度低。

**2. 红外传感器的应用**

1）红外测温技术

特点：应用广，适合于远距离和非接触测量，特别适合于高速运动体、带电体、高温、高压物体的温度测量；响应快；灵敏度高；准确度高（可达0.1 ℃）；测温范围宽（零下几十摄氏度到零上几千摄氏度）等。

按测温工作原理分，有全辐射测温、亮度测温和比色测温。

按量程分，有低温（100 ℃以下）、中温（100～700 ℃）和高温（700 ℃以上）。

2）红外测温仪

红外测温仪是利用热辐射体在红外波段的辐射通量来测量温度的。当物体的温度低于1 000 ℃时，它向外辐射的不再是可见光而是红外光了，可用红外探测器检测其温度。如采用分离出所需波段的滤光片，可使红外测温仪工作在任意红外波段。

图4-36是目前常见的红外测温仪框图。它是一个包括光、机、电一体化的红外测温系统，图4-36中的光学系统是一个固定焦距的透射系统，滤光片一般采用只允许8～14 μm的红外辐射能通过的材料。步进电机带动调制盘转动，将被测的红外辐射调制成交变的红外辐射线。红外探测器一般为（钽酸锂）热释电型探测器，透镜的焦点落在其光敏面上。被测目标的红外辐射通过透镜聚焦在红外探测器上，红外探测器将红外辐射变换为电信号输出。

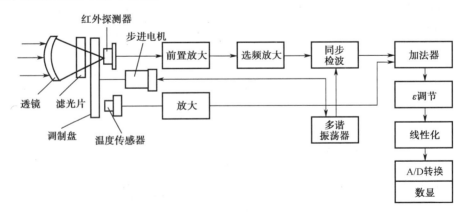

图4-36 红外测温仪框图

红外测温仪的电路比较复杂，包括前置放大、选频放大、温度补偿、线性化、发射率（ε）调节等。目前已有一种带单片机的智能红外测温器，利用单片机与软件的功能，大大简化了硬件电路，提高了仪表的稳定性、可靠性和准确性。

红外测温仪的光学系统可以是透射式的，也可以是反射式的。反射式光学系统多采用凹面玻璃反射镜，并在镜的表面镀金、铝、镍或铬等对红外辐射反射率很高的金属材料。

3）人体探测报警器

人体探测报警器采用 SD02 热释电型红外传感器，加滤波器以适应人体辐射，其原理框图如图 4-37 所示，探测电路如图 4-38 所示，主要用于防盗报警和安全报警。

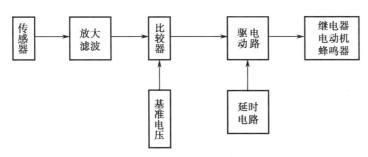

图 4-37　人体探测电路框图

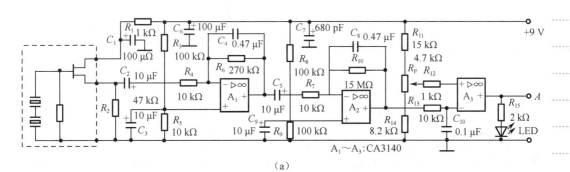

（a）

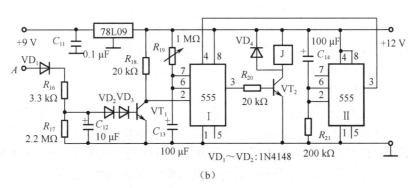

（b）

图 4-38　热释电型红外传感器人体探测电路

（a）检测、放大及比较电路；（b）延时及驱动电路

4）自动门控制电路

自动门控制电路如图 4-39 所示，其中Ⅰ、Ⅱ为热释电人体探测电路，与图 4-38
（a）相同。其主要用于公共场所自动门人员进出的自动开关控制。

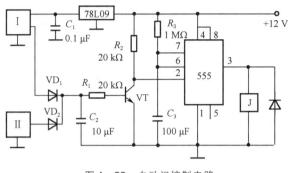

图 4 – 39　自动门控制电路

## 四、任务实施

简易自动干手器控制电路的总体框图如图 4 – 40 所示，它是由红外线发射电路、红外线接收电路、时间延迟电路、自动干手器开关电路和电源电路 5 部分构成的。

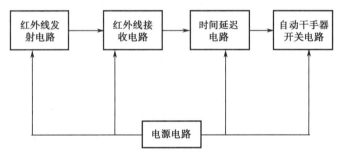

图 4 – 40　简易自动干手器控制电路的总体框图

红外线发射电路是利用红外线发光管发射脉冲，从而实现电路对人体的感应。红外线接收电路是利用光敏元件接收发射出来的光脉冲，并且将光脉冲信号转化为电信号，同时对其进行放大。时间延迟电路是利用单稳态电路的特性，实现对自动干手器开关打开时间的控制。自动干手器电路的功能是利用红外对管作为自动干手器的开关，从而可以通过放大整形电路对干手器进行控制。电源电路的功能是为上述所有电路提供直流电源。电路的整体设计原理如图 4 – 41 所示。

**1. 红外线发射电路**

红外线发射电路是采用红外线发光二极管 SE303。红外线发光二极管由 GaAs 的 PN 结构成，其发光波段处于可见光波段之外，因此一般不能在显示中作为光信号传输之用。本电路的感应装置一般要求不可见，因此采用红外线发光二极管作为感应装置。

红外线发光二极管正向电流不能超出其最大额定值。而作为感应装置则要求其具有较大的光输出。一般利用其响应速度快的特性，通过脉冲驱动来增大光输出。因此电路前端需要一个脉冲信号电路，本电路采用的是由 NE555 集成电路构成的多谐振荡器组成。其电路运行包含两个过程：一是利用直流电源经电阻 $R_1$ 和 $R_2$ 对电容 $C_1$ 进行充电；二是放电电路经电阻 $R_2$ 从 NE555 集成电路的 DIS 端的放电过程。通过这两个过程的交替运行，就可以在 NE555 集成电路的输出电路端 3 产生脉冲信号。其输出脉冲信号的频率 $f$ 和占空比 $q$ 为

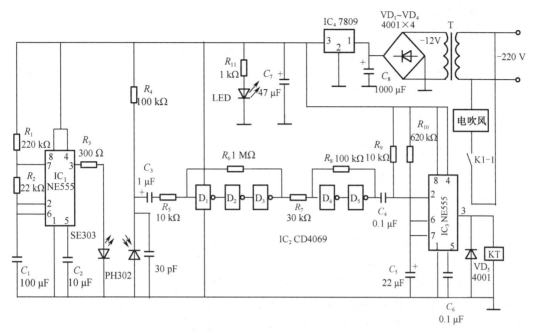

图4-41 自动干手器原理图

$$f = 1/\left[0.7 \times (R_1 + 2R_2)C_1\right] = 1/\left[0.7 \times (220\ \text{k}\Omega + 2 \times 22\ \text{k}\Omega) \times 100\ \mu\text{F}\right] \approx 541\ \text{Hz}$$

$$q = R_1/(R_1 + 2R_2) = 220\ \text{k}\Omega/(220\ \text{k}\Omega + 2 \times 22\ \text{k}\Omega) \approx 83.3\%$$

这样输出电路端3产生脉冲信号来控制红外线发光二极管发射光脉冲,二极管起保护红外发光二极管的作用。

**2. 红外线接收电路**

由NE555构成多谐振荡器产生振荡波输出,使得PH302发出光信号,红外接收器PH302接收红外光,产生光电流,驱动由反相器构成的跟随器电路,通过CD4069后放大输出。

**3. 时间延迟电路**

时间延迟电路主要由两部分构成:一是整流滤波电路;二是由NE555集成电路构成的单稳态电路。前端电路的输出电压首先经过二极管蒸馏,再经过电容$C_1$滤波,则在NE555集成电路的TRIG端产生了触发电平信号。

当接收到红外线脉冲时,前端电路输出电压$U_1$经过整流和滤波在TRIG端产生一个高电平信号,由NE555集成电路构成的单稳态电路特性可知,输出端Q输出低电平;当由于人体或物体的阻隔,没有接收到红外线脉冲时,前端电路没有输出电压$U_1$,则TRIG端输入为零,单稳态电路接收到触发信号,输出点Q输出为高电平并保持一段时间,延迟时间可由可变电阻$R_2$和电容$C_2$的数值决定,通过调节可变电阻的大小,可以改变延迟时间的长短,以适合不同场合的应用。

**4. 吹风机开关电路**

由于电磁阀通过的是大电流、大功率,而直流电源一般无法提供很大的电流和功率,因此此电磁阀需要交流供电,从而电路中的开关需要采用继电器电路。而一般NE555集成电路的输出电流无法驱动继电器,因此需要加入电流放大电路。

**5. 电源电路**

电源电路的设计可以采用两种方法来实现：第一种方法是采用电池供电，需要注意的问题是选择合适的电池指标参数与电路相匹配；电路直接从电网供电，通过变压器电路、整流电路、滤波电路和稳压电路将电网中的 220 V 交流电转换为 +12 V 直流电压。电路中的变压器采用常规的铁芯变压器，整流电路采用二极管桥式整流电路，稳压电路采用三端稳压集成电路来实现。

## 五、拓展知识

### 1. 光电转换式图像传感器

图像传感器是采用光电转换原理，用来摄取平面光学图像，并使其转换为电子图像信号的器件。

图像传感器必须具有两个作用：

（1）把光信号转换为电信号。

（2）将平面图像上的像素进行点阵采样，并把这些像素按时间取出扫描使用。有 CCD 和 CMOS 两种，以 CCD 为例加以介绍。CCD 图像传感器被广泛应用于生活、天文、医疗、电视、传真、通信以及工业检测和自动控制系统。

CCD 将光敏二极管阵列和读出移位寄存器集成于一体，构成具有自动扫描功能的图像传感器。这是一种金属氧化物半导体（MOS）集成电路器件，它以电荷作为信号，基本功能是进行光电转换、电荷的存储和电荷的转移输出。在 P 型硅衬底上生长一层 $SiO_2$（120 nm），再在 $SiO_2$ 层上沉积金属铝构成 MOS 结构，它是 CCD 器件的最小工作单元。

### 2. CCD 的工作原理

CCD 基本结构分两部分：MOS（金属 – 氧化物 – 半导体）光敏元阵列；读出移位寄存器。CCD 是在半导体硅片上制作成百上千万个光敏元件，如图 4 – 42 所示，一个光敏元又称一个像素或像点，在半导体硅平面上光敏元按线阵或面阵有规则地排列。它们本身在空间上、电气上是彼此独立的。

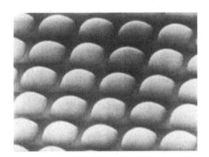

图 4 – 42　CCD 光敏元显微照片

1）MOS 光敏元阵列

在 P 型硅上生长一层具有介质作用的二氧化硅，在二氧化硅上又淀积一层金属电极，于是就形成了一个金属 – 氧化物 – 半导体电容器，也就是 MOS 电容。

电荷存储原理：当金属电极上加正电压时，由于电场作用，电极下 P 型硅区里空穴被排斥形成耗尽区。对电子而言，是一势能很低的区域，称为"势阱"。有光线入射到硅片上时，光子作用下产生电子－空穴对，空穴被电场作用排斥出耗尽区，而电子被附近势阱俘获，此时势阱内吸收的光子数与光强度成正比。其结构如图4－43所示。

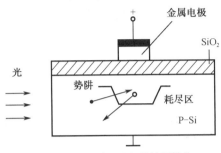

图4－43　一个 MOS 光敏元结构

2）CCD 的光电物理效应基本原理

（1）一个 MOS 结构元为 MOS 光敏元或一个像素，把一个势阱所收集的光生电子称为一个电荷包。

（2）CCD 器件内是在硅片上制作成百上千的 MOS 元，给每个金属电极加电压，就形成成百上千个势阱。

（3）如果照射在这些光敏元上是一幅明暗起伏的图像，那么这些光敏元就感生出一幅与光照度响应的光生电荷图像。分辨率不同的图像如图4－44所示。

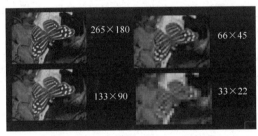

图4－44　分辨率不同的图像比较

3）电荷转移（读出移位寄存器）

采用 MOS 电容虽可以获得光生电子图像，但无法把这种电子图像信号依次读取出来。CCD 就是完成电子图像读取功能的一个器件。CCD 的基本结构如图4－45所示。

**3. CCD 的基本工作原理**

一个完整的 CCD 器件由光敏元、转移栅、移位寄存器及一些辅助输入、输出电路组成。CCD 工作时：

（1）在设定的积分时间内，光敏元对光信号进行取样，将光的强弱转换为各光敏元的电荷量。

（2）各光敏元的电荷在转移栅信号驱动下，转移到 CCD 内部的移位寄存器相应单元中。

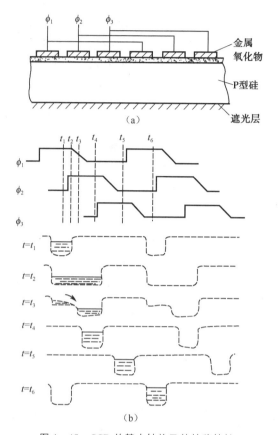

图 4 – 45　CCD 的基本结构及其转移特性

（a）基本结构；（b）电荷转移特性

（3）移位寄存器在驱动时钟的作用下，将信号电荷顺次转移到输出端。输出信号可接到示波器、图像显示器或其他信号存储、处理设备中，可对信号再现或进行存储处理。

### 4. CCD 图像传感器的分类

（1）线阵 CCD 外形如图 4 – 46 所示。

（2）面型固态图像传感器。

面阵 CCD 能在 $x$、$y$ 两个方向实现电子自动扫描，可以获得二维图像，其外形如图 4 – 47 所示。

图 4 – 46　线阵 CCD 外形

图 4 – 47　面型固态图像传感器外形

### 5. 应用

CCD 应用技术是光、机、电和计算机相结合的高新技术，作为一种非常有效的非接触检测方法，CCD 被广泛用于在线检测尺寸、位移、速度、定位和自动调焦等方面。

固态图像传感器的应用主要目标之一是构成固态摄像装置的光敏器件。由于它取消了光学扫描系统或电子束扫描，所以在很大程度上降低了再生图像的失真度。这些特色就决定了它可以广泛用于自动控制和自动测量，尤其是适用于图像识别技术。

其输出信号的特点如下：能够输出与光像位置对应的时序信号；能够输出各个脉冲彼此独立相间的模拟信号；能够输出反映焦点面信息的信号。

1）图像采集（输入环节）

数（字）码相机的基本结构：其主要由光学镜头、分色系统、图像传感器、图像处理电路、图像数据存储设备、图像数据传输接口、总体控制电路、取景器和 LCD 显示屏、闪光灯、供电系统组成。外形如图 4-48 所示。

图 4-48　数码相机基本外形

2）传真技术

光源是荧光灯，将传感器输出信号放大后，进行适当频带压缩（编码），并通过调制与解调电路送入发射电路。为读取全版面，需令所摄稿纸依次移动。原理结构如图 4-49 所示。

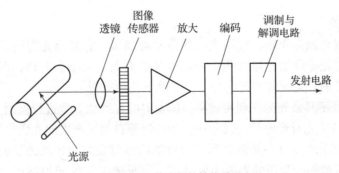

图 4-49　传真机的结构原理

## 六、任务练习题

（1）试利用热释电型传感器设计人体感应式饮水机电路。

（2）分析光电扫描笔如何工作。

# 任务三　自动生产线的零件打包系统设计与制作

## 一、任务描述

设计并制作一款自动生产线零件打包系统电路，此电路具有基本功能和扩展功能两部分。而扩展功能部分则由定时控制、仿广播电台报数、自动报整点数和触摸报整点数组成。电路采用数码管来显示零件、盒、箱的数量。

基本电路要求：

（1）60个工件装1盒，60盒装1箱，12箱装1车，每完成一道工序，产生一个控制信号。

（2）准确计数，以数字形式显示生产状况。

（3）计数与显示不对应时，具有校正功能。

扩展电路要求：

（1）定时控制。

（2）仿广播电台报数功能。

（3）自动报整点数。

（4）触摸报整点数。

## 二、任务目标

（1）掌握光电开关的使用和检测方法。

（2）能够运用光电开关进行电路的设计。

（3）了解光电开关的结构原理。

## 三、知识链接

### 1. 光电开关

此种产品以光源为介质，应用光电效应原理制成。它是当光源受物体遮蔽或发生反射、辐射和遮光导致受光量变化来检测对象的有无、大小和明暗，而向产生触点和无触点输出信号的开关元件。光电开关包括以下几种类型：

（1）其自身不具备光源，利用被测物体发射的光的变化量进行检测。

（2）利用自然光对光电开关的照射，物体遮蔽自然光产生的光变化量进行检测。

（3）光电开关自身具备光源，利用被检测物体对发射的光源的反射、吸收和透射光的变化量进行检测。常用的光源为紫外光、可见光、红外光等波段的光源，光源的类型有灯泡、LED、激光管等；输出信号有开关量或模拟量和通信数据信息等。

光电开关是把发射端和接收端之间光的强弱变化转化为电流的变化以达到探测的目的。由于光电开关输出回路和输入回路是电隔离的（即电缘绝），所以它可以在许多场合得到应用。

### 2. 光电开关的工作原理

光电开关（光电传感器）是光电接近开关的简称，它是利用被检测物对光束的遮挡或反射，由同步回路选通电路，从而检测物体有无的。物体不限于金属，所有能反射光线的物体均可被检测。光电开关将输入电流在发射器上转换为光信号射出，接收器再根据接收到的光线的强弱或有无对目标物体进行探测。光电开关的工作原理如图 4 - 50 所示。多数光电开关选用的是波长接近可见光的红外线光波型。图 4 - 51 是德国 SICK 公司的部分光电开关外形。

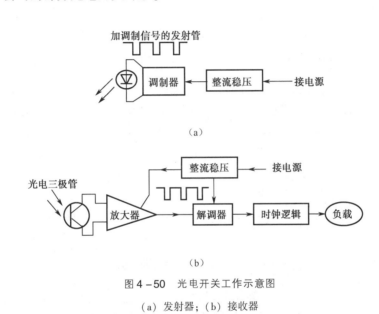

（a）

（b）

图 4 - 50　光电开关工作示意图

（a）发射器；（b）接收器

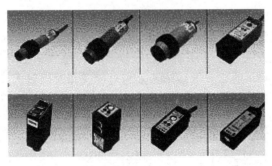

图 4 - 51　部分光电开关外形

### 3. 光电开关的分类

（1）漫反射式光电开关。它是一种集发射器和接收器于一体的传感器，当有被检测物体经过时，物体将光电开关发射器发射的足够量的光线反射到接收器，于是光电开关就产生了开关信号。当被检测物体的表面光亮或其反光率极高时，漫反射式的光电开关是首选的检测模式。漫反射式原理及外形示意图如图 4-52 所示。

（2）镜反射式光电开关。它亦集发射器与接收器于一体，光电开关发射器发出的光线经过反射镜反射回接收器，当被检测物体经过且完全阻断光线时，光电开关就产生了检测开关信号，其原理示意图如图 4-53 所示。

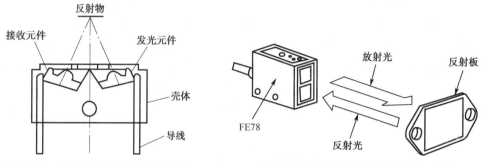

图 4-52　漫反射式原理及外形示意图　　　　图 4-53　镜反射式光电开关原理示意图

（3）对射式光电开关。它包含了在结构上相互分离且光轴相对放置的发射器和接收器，发射器发出的光线直接进入接收器，当被检测物体经过发射器和接收器之间且阻断光线时，光电开关就产生了开关信号。当检测物体为不透明时，对射式光电开关是最可靠的检测装置，其原理结构示意图如图 4-54 所示。

图 4-54　对射式光电开关原理结构示意图

（4）槽式光电开关。它通常采用标准的 U 形结构，其发射器和接收器分别位于 U 形槽的两边，并形成一光轴，当被检测物体经过 U 形槽且阻断光轴时，光电开关就产生了开关量信号。槽式光电开关比较适合检测高速运动的物体，并且它能分辨透明与半透明物体，使用安全、可靠。其原理结构示意图如图 4-55 所示。

（5）光纤式光电开关。它采用塑料或玻璃光纤传感器来引导光线，可以对距离远的被检测物体进行检测。通常光纤传感器分为对射式和漫反射式。

它的工作原理示意图如图 4-56 所示。

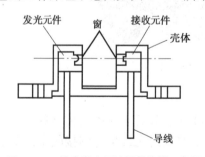 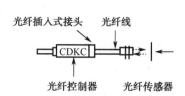

图 4-55　槽式光电开关原理结构示意图　　　　图 4-56　光纤式光电开关工作原理示意图

#### 4. 光电开关的主要性能参数

（1）工作电压：光电开关额定电压。

（2）检测距离：是指检测体按一定方式移动，当开关动作时测得的基准位置（光电开关的感应表面）到检测面的空间距离。额定动作距离指接近开关动作距离的标称值。

（3）回差距离：动作距离与复位距离之间的绝对值。

（4）响应频率：按规定 1 s 的时间间隔内，允许光电开关动作循环的次数。

（5）输出状态：分常开和常闭型，当无检测物体时，常开型的光电开关所接通的负载由于光电开关内部的输出晶体管的截止而不工作，当检测到物体时，晶体管导通，负载得电工作。

（6）检测方式：根据光电开关在检测物体时发射器所发出的光线被折回到接收器的途径的不同，可分为漫反射式、镜反射式和对射式等。

（7）输出形式：分 NPN 二线、NPN 三线、NPN 四线、PNP 二线、PNP 三线、PNP 四线、AC 二线、AC 五线（自带继电器），及直流 NPN/PNP/常开/常闭多功能等几种常用的输出形式。

#### 5. 光电开关的安装接线

光电开关按照其内部的光电元件来分，有 NPN、PNP、NMOS、PMOS 几种，其中 NMOS 与 NPN 型、PMOS 与 PNP 型接线相同。

各种开关均有棕色、蓝色、黑色连线，其中棕色线为电源（ + ），蓝色线为电源（ − ），黑色线为信号线。

NPN 型负载接在棕色线与黑色线之间，PNP 型负载接在黑色线与蓝色线之间。常见的圆柱形电感式接近开关接线如图 4 – 57 所示。

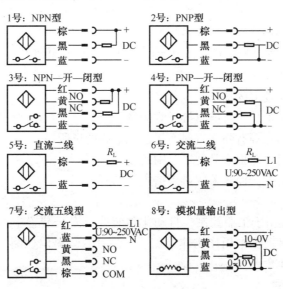

图 4 – 57　圆柱形电感式接近开关接线

#### 6. 使用注意事项

（1）红外线传感器属漫反射型的产品，所采用的标准检测体为平面的白色画纸。

（2）红外线光电开关在环境照度高的情况下都能稳定工作，但原则上应回避将传感器光轴正对太阳光等强光源。

（3）对射式光电开关最小可检测宽度为该种光电开关透镜宽度的80%。

（4）当使用感性负载（如灯、电动机等）时，其瞬态冲击电流较大，可能劣化或损坏交流二线的光电开关，在这种情况下，请将负载经过交流继电器来转换使用。

（5）红外线光电开关的透镜可用擦镜纸擦拭，禁用稀释溶剂等化学品，以免永久损坏塑料镜。

（6）针对用户的现场实际要求，在一些较为恶劣的条件下，如灰尘较多的场合，所生产的光电开关在灵敏度的选择上增加了50%，以适应在长期使用中延长光电开关维护周期的要求。

（7）产品均为SMD工艺生产制造，并经严格的测试合格后才出厂，在一般情况下使用均不会出现损坏。为了避免发生意外，请用户在接通电源前检查接线是否正确，核定电压是否为额定值。

图4-58所示为几种常见的安装示意图。

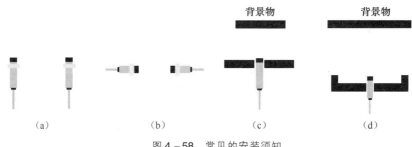

图4-58  常见的安装须知

（a）平行安装；（b）相对安装；（c）埋入式安装；（d）非埋入式安装

### 7. 光电开关误动作

下列场所，一般有可能造成光电开关的误动作，应尽量避开：

（1）灰尘较多的场所。

（2）腐蚀性气体较多的场所。

（3）水、油、化学品有可能直接飞溅的场所。

（4）户外或太阳光等有强光直射而无遮光措施的场所。

（5）环境温度变化超出产品规定范围的场所。

（6）振动、冲击大，而未采取避震措施的场所。

### 8. 应用

光电开关广泛应用于工业控制、自动化包装线及安全装置中作为光控制和光探测装置。可在自动控制系统中用作物体检测、产品计数、料位检测、尺寸控制、安全报警及计算机输入接口等。

1）商标方向检测

正常情况下，两个接近开关都感应到商标纸而输出高电平。如果商标纸没有对齐，那么将有一个因检测不到商标纸而无高电平输出，如图4-59所示。

图 4 - 59　商标方向的检测

2）光电转速传感器

图 4 - 60 是光电数字转速表的工作原理。图 4 - 60（a）是在待测转速轴上固定一带孔的调置盘，在调置盘一边由白炽灯产生恒定光，透过盘上小孔到达光敏二极管组成的光电转换器上，转换成相应的电脉冲信号，经过放大整形电路输出整齐的脉冲信号，转速由该脉冲频率决定。图 4 - 60（b）是在待测转速的轴上固定一个涂上黑白相间条纹的圆盘，它们具有不同的反射率。当转轴转动时，反光与不反光交替出现，光电敏感器件间断地接收光的反射信号，转换成电脉冲信号。

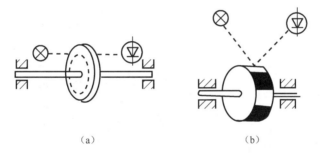

（a）　　　　　　　　　　　（b）

图 4 - 60　光电数字式转速表原理

每分钟转速 $n$ 与脉冲频率 $f$ 的关系为：

$$n = \frac{f}{N} \times 60$$

式中　$N$——孔数或黑白条纹数目。

例如，当孔数 $N = 600$，光电转换器输出的脉冲信号频率 $f = 4.8\ kHz$ 时，则

$$n = \frac{f}{N} \times 60 = \frac{4.8 \times 10^3}{600} \times 60 = 480（转）$$

频率可用一般的频率计测量。光电器件多采用光电池、光敏二极管和光敏三极管，以提高寿命、减小体积、减小功耗和提高可靠性。

3）电动扶梯自动启停

在自动扶梯的入口处安装光电式传感器，当有人要上电梯时，检测到人的信号时将会产生一个脉冲信号，从而控制电梯运行，示意图如图 4 - 61 所示。

4）包装充填物高度检测

图 4 - 61　电动扶梯控制示意图

用容积法计量包装的成品，除了对质量有一定误差范围要求外，一般还对充填高度有一定的要求，以保证商品的外观质量，不符合充填高度的成品将不许出厂。图4-62所示为借助光电检测技术控制充填高度的原理。当充填高度 $h$ 偏差太大时，光电接头没有电信号，即由执行机构将包装物品推出进行处理。

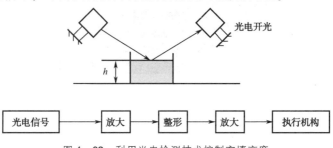

图4-62　利用光电检测技术控制充填高度

利用光电开关还可以进行产品流水线上的产量统计、对装配件是否到位及装配质量进行检测，如灌装时瓶盖是否压上、商标是否漏贴及送料机构是否断料等。

## 四、任务实施

### 1. 总体设计方案

根据设计要求首先建立一个自动生产线零件打包控制系统的组成框图，框图如图4-63所示。

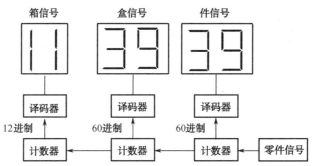

图4-63　自动生产线零件打包控制系统的组成框图

### 2. 电路工作原理

自动生产线零件打包控制系统电路由主体电路和扩展电路两大部分组成。其中主体电路完成控制系统的基本功能，扩展电路完成扩展功能。主体电路功能如下：

（1）利用光电开关管采集零件数量信号，利用此信号作为脉冲计数所需。

（2）对脉冲（即零件）进行计数，当工件数计满后，盒接收进位信号开始计数，当盒计满后产生进位，箱开始计数。

（3）显示译码电路采用译码器加七段数码管静态显示方法，由于静态显示易于制作和调试，原理也较简单。

### 3. 部分电路设计

1）零件信号采集电路

利用光电开关管做零件数量的信号拾取元件，在生产线的两侧分别对应着光发射和光接收开关。生产线上每经过一个零件，光电管就动作一次，利用此信号作为脉冲计数所需。

由于传感器使用不同，被测信号波形各异，幅度不同，而要研究的又仅仅是信号的频率，与信号波形的外形、幅度无关。为了使电路都能正常工作，首先要对输入信号进行放大、整形处理。输入信号整形电路采用集成电路 555 构成的施密特触发器，进行波形的整形。

2）计数电路

计数电路是一种计算输入脉冲的时序逻辑网络，被计数的输入信号就是光电开关管采集的零件脉冲数。该电路不仅可以计数，而且还可以用来完成其他特定的逻辑功能，如测量、定时控制、数字运算等。

自动生产线零件打包控制系统的计数电路是由两个 60 进制和一个 12 进制计数电路实现的。计数电路的设计可以用反馈清零法，当计数器正常计数时，反馈门不起作用，只有当进位脉冲到来时，反馈信号将计数电路清零，实现相应模的循环计数。以 60 进制为例，当计数器从 00，01，02，…，59 计数时，反馈门不起作用，只有当第 60 个秒脉冲到来时，反馈信号随即将计数电路清零，实现模为 60 的循环计数。

下面将分别设计 60 进制计数器和 12 进制计数器。

（1）60 进制计数器，电路如图 4 - 64 所示。

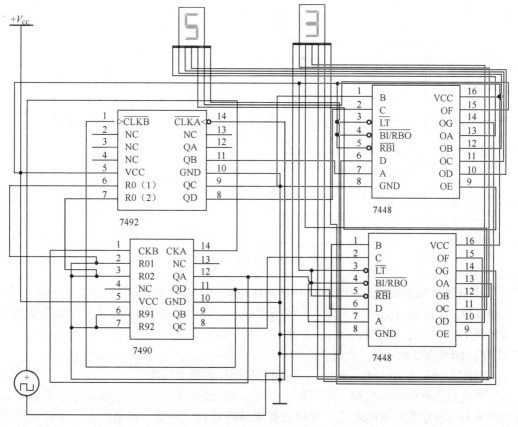

图 4 - 64　60 进制计数器

电路中，7492 作为十位计数器，在电路中采用六进制计数；7490 作为个位计数器在电路中采用十进制计数。当 7490 的 14 脚接振荡电路的输出脉冲 1 Hz 时 7490 开始工作，它计时到 10 时向十位计数器 7492 进位。

7490 是二 – 五 – 十进制计数器，它有两个时钟输入端 CKA 和 CKB。其中，CKA 和 QA 组成一位二进制计数器；CKB 和 QC 组成五进制计数器；若将 QA 与 CKB 相连接，时钟脉冲从 CKA 输入，则构成了 8421BCD 码十进制计数器。7490 有两个清零端 R01、R02、两个置 9 端 R91 和 R92。

异步计数器 7492 是二 – 六 – 十二进制计数器，即 $\overline{CLKA}$ 和 QA 组成二进制计数器，$\overline{CLKB}$ 和 QC 在 7492 中构成六进制计数器。当 $\overline{CLKB}$ 和 QA 相连，时钟脉冲从 $\overline{CLKA}$ 输入，7492 构成 16 进制计数器。

（2）12 进制计数器电路如图 4 – 65 所示。

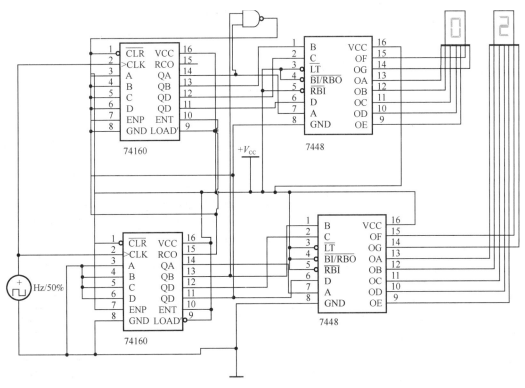

图 4 – 65　12 进制计数器

12 进制计数器是按照 "01 – 02 – 03 – 04 – 05 – 06 – 07 – 08 – 09 – 10 – 11 – 12 – 01" 规律计数的。个位计数器由 4 位二进制同步可逆计数器 74160 构成，十位计数器由双 D 触发器 7448 构成，将它们组成 "12 翻 1" 箱计数器。

3）译码与显示电路

如图 4 – 66 所示，电路是由译码电路和数码管两部分组成。

译码是编码的相反过程，译码器是将输入的二进制代码翻译成相应的输出信号以表示编码时所赋予原意的电路。常用的集成译码器有二进制译码器、二 – 十进制译码器和 BCD – 7 段译码器，显示模块用来显示计时模块输出的结果。

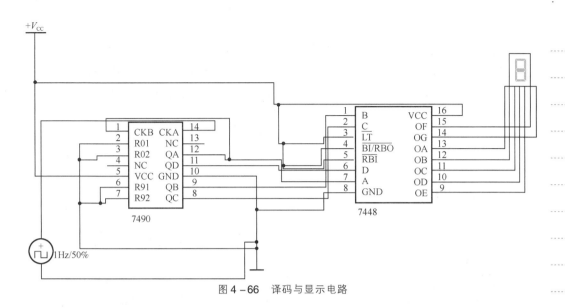

图 4 – 66　译码与显示电路

## 五、拓展知识

### 1. 光耦合器件

光电耦的认知

光耦合器件是由发光元件（如发光二极管）和光电接收元件合并使用，以光作为介质传递信号的光电器件。

在光耦合器输入端加电信号，使发光源发光，光的强度取决于激励电流的大小，此光照射到封装在一起的受光器上后，因光电效应而产生了光电流，由受光器输出端引出，这样就实现了电 – 光 – 电的转换。

1）"光耦"集成器件的特点

输入与输出完全隔离，有独立的输入输出，绝缘电阻在 10 000 MW 以上。器件有很强的抗干扰能力和隔离性能，可避免振动、噪声干扰。特别适宜工业现场做数字电路开关信号传输、逻辑电路隔离器、计算机测量、控制系统中做无触点开关等。

2）光耦合器的组合形式

（1）按其输出形式的不同，分为光敏器件输出型［其中包括图 4 – 67（a）所示的光敏三极管输出型、图 4 – 67（b）所示的光敏二极管输出型］、光控达林顿管输出型［见图 4 – 67（c）］和光控继电器输出型［见图 4 – 67（d）］等。

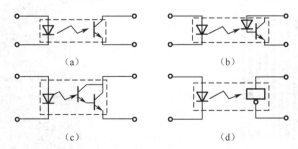

图 4 – 67　光耦合器的组合形式

（a）光敏三极管输出型；（b）光敏二极管输出型；（c）光控达林顿管输出型；（d）光控继电器输出型

（2）光耦合器的种类按速度分类，可分为低速光耦合器（光敏三极管、光电池等输出型）和高速光耦合器（光敏二极管带信号处理电路或者光敏集成电路输出型）。

（3）光耦合器的种类按通道分类，可分为单通道、双通道和多通道光耦合器。

（4）光耦合器的种类按隔离特性分类，可分为普通隔离光耦合器（一般光学胶灌封低于 5 000 V，空封低于 2 000 V）和高压隔离光耦合器（可分为 10 kV、20 kV、30 kV 等）。

（5）光耦合器的种类按工作电压分类，可分为低电源电压型光耦合器（一般为 5 ~ 15 V）和高电源电压型光耦合器（一般大于 30 V）。

**2. 光栅式传感器**

光栅是由许多具有等节距刻线分布的透光缝隙和不透光的刻线均匀相间排列构成的光学元件。光栅式传感器有以下特点：精度高；大量程测量兼有高分辨力；可实现动态测量；具有较强的抗干扰能力。

按其原理和用途，它又可分为物理光栅和计量光栅。物理光栅利用光的衍射现象，主要用于光谱分析和光波长等量的测量。计量光栅主要利用莫尔现象，测量位移、速度、加速度、振动等物理量。

1）光栅的结构及工作原理

（1）光栅结构。

在镀膜玻璃上均匀刻制许多有明暗相间、等间距分布的细小条纹（又称为刻线），这就是光栅，图 4 – 68 所示为透射光栅的示意图。图 4 – 68 中，$a$ 为栅线的宽度（不透光），$b$ 为栅线间宽（透光），$a + b = W$ 为光栅的栅距（也称光栅常数）。通常 $a = b = W/2$，也可刻成 $a : b = 1.1 : 0.9$。目前常用的光栅每毫米刻成 10、25、50、100、250 条线条。

（2）光栅测量原理。

把两块栅距相等的光栅（光栅 1、光栅 2）面向对叠合在一起，中间留有很小的间隙，并使两者的栅线之间形成一个很小的夹角 $\theta$，如图 4 – 69 所示，这样就可以看到在近于垂直栅线方向上出现明暗相间的条纹，这些条纹叫莫尔条纹。由图 4 – 69 可见，在 $d – d$ 线上，两块光栅的栅线重合，透光面积最大，形成条纹的亮带，它是由一系列四棱形图案构成的；在 $f – f$ 线上，两块光栅的栅线错开，形成条纹的暗带，它是由一些黑色叉线图案组成的。因此莫尔条纹的形成是由两块光栅的遮光和透光效应形成的。

图 4 – 68　透射光栅示意图

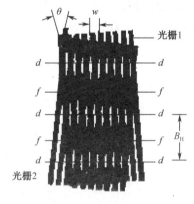

图 4 – 69　光栅莫尔条纹的形式

（3）莫尔条纹测量位移具有以下 3 个方面的特点。

① 位移的放大作用。当光栅每移动一个光栅栅距 $W$ 时，莫尔条纹也跟着移动一个条纹宽度 $B_H$，如果光栅做反向移动，条纹移动方向也相反。莫尔条纹的间距 $B_H$ 与两光栅线纹夹角 $\theta$ 之间的关系为

$$B_H = \frac{W}{\sin \dfrac{\theta}{2}} \approx \frac{W}{\theta}$$

$\theta$ 越小，$B_H$ 越大，这相当于把栅距 $W$ 放大了 $1/\theta$ 倍。例如，$\theta = 0.1°$，则 $1/\theta \approx 573$，即莫尔条纹宽度 $B_H$ 是栅距 $W$ 的 573 倍，这相当于把栅距放大了 573 倍，说明光栅具有位移放大作用，从而提高了测量的灵敏度。

② 莫尔条纹移动方向。如光栅 1 沿着刻线垂直方向向右移动时，莫尔条纹将沿着光栅 2 的栅线向上移动；反之，当光栅 1 向左移动时，莫尔条纹沿着光栅 2 的栅线向下移动。因此，根据莫尔条纹移动方向就可以对光栅 1 的运动进行辨向。

③ 误差的平均效应。莫尔条纹由光栅的大量刻线形成，对线纹的刻划误差有平均抵消作用，能在很大程度上消除短周期误差的影响。

2）光栅传感器的组成

光栅传感器作为一个完整的测量装置，包括光栅读数头、光栅数显表两大部分。光栅读数头利用光栅原理把输入量（位移量）转换成相应的电信号；光栅数显表是实现细分、辨向和显示功能的电子系统。

（1）光栅读数头。

光栅读数头主要由标尺光栅、指示光栅、光路系统和光电元件等组成。标尺光栅的有效长度即为测量范围。指示光栅比标尺光栅短得多，但两者一般刻有同样的栅距，使用时两光栅互相重叠，两者之间有微小的空隙。标尺光栅一般固定在被测物体上，且随被测物体一起移动，其长度取决于测量范围，指示光栅相对于光电元件固定。光栅读数头的结构示意图如图 4-70 所示。

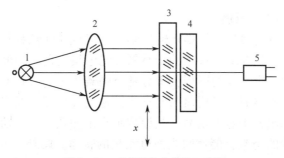

图 4-70　光栅读数头结构示意图

1—光源；2—透镜；3—标尺光栅；4—指示光栅；5—光电元件

（2）光栅数显表。

光栅读数头实现了位移量由非电量转换为电量的功能。位移是向量，因而对位移量的测量除了确定大小之外，还应确定其方向。为了辨别位移的方向，进一步提高测量的精度，以及实现数字显示的目的，必须把光栅读数头的输出信号送入数显表作进一步的处理。光栅数显表由整形放大电路、细分电路、辨向电路及数字显示电路等组成。

（3）细分技术。

在前面讨论的光栅测量原理中可知，以移过的莫尔条纹的数量来确定位移量，其分辨率为光栅栅距。为了提高分辨率和测量比栅距更小的位移量，可采用细分技术。细分就是在莫尔条纹信号变化一个周期内，发出若干个脉冲，以减小脉冲当量，如一个周期内发出 $n$ 个脉冲，即可使测量精度提高到 $n$ 倍，而每个脉冲相当于原来栅距的 $1/n$。由于细分后计数脉冲频率提高到了 $n$ 倍，因此也称为 $n$ 倍频。细分方法有机械细分和电子细分两类。下面介绍电子细分法中常用的 4 倍频细分法，这种细分法也是许多其他细分法的基础。

### 六、任务练习题

（1）试述常见的光电开关有哪些。

（2）设计一光电开关用于生产流水线的产量计数，画出结构图，并简要说明。

# 任务四　光电编码器鉴相计数电路

### 一、任务描述

利用光电编码器实现鉴相计数功能。

### 二、任务目标

（1）掌握光电编码器的工作原理。

（2）能够运用光电编码器进行电路的设计。

### 三、知识链接

#### 1. 光电编码器的工作原理

光电编码器是一种通过光电转换将输出轴上的机械几何位移量转换成脉冲或数字量输出的传感器。这是目前应用最多的传感器，光电编码器是由光栅盘和光电检测装置组成。光栅盘是在一定直径的圆板上等分地开通若干个长方形孔。由于光电码盘与电动机同轴，电动机旋转时，光栅盘与电动机同速旋转，经发光二极管等电子元件组成的检测装置检测输出若干脉冲信号，其原理示意图如图 4-71 所示。通过计算每秒光电编码器输出脉冲的个数就能反映当前电动机的转速。此外，为判定旋转方向，光电码盘还可提供相位相差 90°的两路脉冲信号。

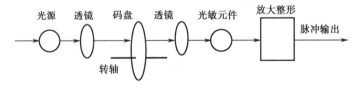

图 4-71　光电编码器原理示意图

根据检测原理，编码器可分为光学式、磁式、感应式和电容式。根据其刻度方法及信号输出形式，可分为增量式、绝对式及混合式 3 种。

1）增量式编码器

增量式编码器是直接利用光电转换原理输出 3 组方波脉冲 A、B 和 Z 相；A、B 两组脉冲相位差90°，从而可方便地判定出旋转方向，而 Z 相为每转一个脉冲，用于基准点定位。它的优点是原理构造简单，机械平均寿命可在几万小时以上，抗干扰能力强，可靠性高，适合于长间隔传输。其缺点是无法输出轴转动的绝对位置信息。

2）绝对式编码器

绝对式编码器是直接输出数字量的传感器，在它的圆形码盘上沿径向有若干同心码道，每条道上由透光和不透光的扇形区相间组成，相邻码道的扇区数目是双倍关系，码盘上的码道数就是它的二进制数码的位数，在码盘的一侧是光源，另一侧对应每一码道有一光敏元件；当码盘处于不同位置时，各光敏元件根据受光照与否转换出相应的电平信号，形成二进制数。这种编码器的特点是不要计数器，在转轴的任意位置都可读出一个固定的与位置相对应的数字码。显然，码道越多，分辨率就越高，对于一个具有 N 位二进制分辨率的编码器，其码盘必须有 N 条码道。目前国内已有 16 位的绝对编码器产品。

绝对式编码器是利用自然二进制或循环二进制（葛莱码）方式进行光电转换的。绝对式编码器与增量式编码器不同之处在于圆盘上透光、不透光的线条图形，绝对式编码器可有若干编码，根据读出码盘上的编码，检测绝对位置。编码的设计可采用二进制码、循环码、二进制补码等。它的特点如下：

（1）可以直接读出角度坐标的绝对值。

（2）没有累积误差。

（3）电源切除后位置信息不会丢失。但是分辨率是由二进制的位数来决定的，也就是说精度取决于位数，目前有 10 位、14 位等多种。

3）混合式绝对值编码器

混合式绝对值编码器输出两组信息：一组信息用于检测磁极位置，带有绝对信息功能；另一组则完全与增量式编码器的输出信息相同。

光电编码器是一种角度（角速度）检测装置，它将输进给轴的角度量，利用光电转换原理，转换成相应的电脉冲或数字量，具有体积小、精度高、工作可靠、接口数字化等优点。它广泛应用于数控机床、回转台、伺服传动、机器人、雷达、军事目标测定等需要检测角度的装置和设备中。

**2. 光电编码器的应用**

1）角度测量

汽车驾驶模拟器，对方向盘旋转角度的测量选用光电编码器作为传感器。重力测量仪，采用光电编码器，把其转轴与重力测量仪中补偿旋钮轴相连，扭转角度仪，利用编码器测量扭转角度变化，如扭转实验机、渔竿扭转钓性测试等。摆锤冲击实验机是利用编码器计算冲击时摆角的变化。

2）长度测量

计米器，利用滚轮周长来测量物体的长度和距离。拉线位移传感器，利用收卷轮周长计量物体长度距离。联轴直测，与驱动直线位移的动力装置的主轴联轴，通过输出脉冲数计量。介质检测，用直齿条、转动链条的链轮、同步带轮等来传递直线位移信息。

3）速度测量

线速度，通过与仪表连接，测量生产线的线速度。角速度，通过编码器测量电机、转轴等的速度来测量角速度。

4）位置测量

在机床方面，记忆机床各个坐标点的坐标位置，如钻床等。在自动化控制方面，控制在某个位置进行指定动作。如电梯、提升机等。

5）同步控制

通过角速度或线速度，对传动环节进行同步控制，以达到张力控制。

6）光电编码器在重力丈量仪中的应用

采用旋转式光电编码器，把它的转轴与重力丈量仪中补偿旋钮轴相连，将重力丈量仪中补偿旋钮的角位移量转化为某种电信号量；旋转式光电编码器分为两种，即绝对编码器和增量编码器。

增量编码器是以脉冲形式输出的传感器，其码盘比绝对编码器码盘要简单得多，且分辨率更高。一般只需要 3 条码道，这里的码道实际上已不具有绝对编码器码道的意义，而是产生计数脉冲。它的码盘的外道和中间道有数目相同、均匀分布的透光和不透光的扇形区（光栅），但是两道扇区相互错开半个区。当码盘转动时，它的输出信号是相位差为 90° 的 A 相和 B 相脉冲信号，以及只有一条透光狭缝的第三码道所产生的脉冲信号（它作为码盘的基准位置，给计数系统提供一个初始的零位信号）。从 A、B 两个输出信号的相位关系（超前或滞后）可判定旋转的方向。由图 4 – 72 （a）可见，当码盘正转时，A 通道脉冲波形比 B 通道超前 π/2，而反转时，A 通道脉冲比 B 通道滞后 π/2。图 4 – 72 （b）是一实际电路，用 A 通道整形波的下沿触发单稳态触发器，产生的正脉冲与 B 通道整形波相"与"，当码盘正转时只有正向口脉冲输出，反之，只有逆向口脉冲输出。因此，增量编码器是根据输出脉冲源和脉冲计数来确定码盘的转动方向和相对角位移量。通常，若编码器有 $N$ 个（码道）输出信号，其相位差为 $\pi/N$，可计数脉冲为 $2N$ 倍光栅数，现在 $N = 2$。图 4 – 72 （b）电路的缺点是有时会产生误记脉冲造成误差，这种情况出现在当某一通道信号处于"高"或"低"电平状态时，而另一通道信号正处于"高"和"低"之间的往返变化状态，此时码盘虽然未产生位移，但是会产生单方向的输出脉冲。例如，码盘发生抖动或手动对准位置时，可以看到，在重力仪丈量时就会出现这种情况。

图 4 – 73 所示是一个既能防止误脉冲又能进行分辨率的 4 倍频细分电路。在这里，采用了有记忆功能的 D 型触发器和时钟发生电路。由图 4 – 73 可见，每一通道有两个 D 触发器串接，这样在时钟脉冲的间隔中，两个 Q 端（如对应 B 通道的 74LS175 的第 2、7 引脚）保持前两个时钟期的输进状态，若两者相同，则表示时钟间隔中无变化；否则，可以根据两者关系判定出它的变化方向，从而产生"正向"或"反向"输出脉冲。当某通道由于振动在"高""低"电平间往复变化时，将交替产生"正向"和"反向"脉冲，这在对两个计数器取代数和时就可消除它们的影响（下面仅

器的读数也将涉及这点）。由此可见，时钟发生器的频率应大于振动频率的可能最大值。由图4-73还可以看出，在原一个脉冲信号的周期内，得到了4个计数脉冲。例如，原每圈脉冲数为1 000的编码器可产生4倍频的脉冲数是4 000个，其分辨率为0.09%。实际上，目前这类传感器产品都将光敏元件输出信号的放大整形等电路与传感检测元件封装在一起，所以只要加上细分与计数电路就可以组成一个角位移丈量系统。

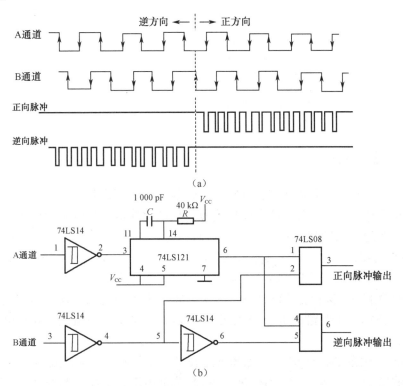

图4-72 增量光电编码器基本波形和电路

（a）波形；（b）电路

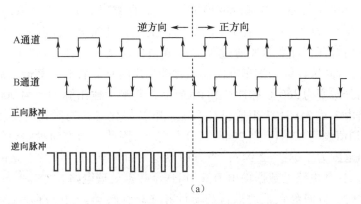

图4-73 4倍频细分电路的波形和电路

（a）波形

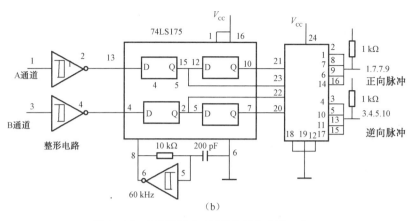

图 4-73　4 倍频细分电路的波形和电路（续）

（b）电路图

## 四、任务实施

EPC-755A 光电编码器具备良好的使用性能，在角度测量、位移测量时抗干扰能力很强，并具有稳定、可靠的输出脉冲信号，且该脉冲信号经计数后可得到被测量的数字信号。因此，在研制汽车驾驶模拟器时，对方向盘旋转角度的测量选用 EPC-755A 光电编码器作为传感器，其输出电路选用集电极开路型，输出分辨率选用 360 个脉冲/圈，考虑到汽车方向盘转动是双向的，既可顺时针旋转，也可逆时针旋转，需要对编码器的输出信号鉴相后才能计数。图 4-74 给出了光电编码器实际使用的鉴相与双向计数电路，鉴相电路由 1 个 D 触发器和 2 个"与非"门组成，计数电路由 3 片74LS193 组成。

当光电编码器顺时针旋转时，通道 A 输出波形超前通道 B 输出波形 90°，D 触发器输出 Q（波形 $W_1$）为高电平，$\overline{Q}$（波形 $W_2$）为低电平，上面"与非"门打开，计数脉冲通过（波形 $W_3$），送至双向计数器 74LS193 的加脉冲输入端 CU，进行加法计数；此时，下面"与非"门关闭，其输出为高电平（波形 $W_4$）。当光电编码器逆时针旋转时，通道 A 输出波形比通道 B 输出波形延迟 90°，D 触发器输出 Q（波形 $W_1$）为低电平，$\overline{Q}$（波形 $W_2$）为高电平，上面"与非"门关闭，其输出为高电平（波形 $W_3$）；此时，下面与非门打开，计数脉冲通过（波形 $W_4$），送至双向计数器 74LS193 的减脉冲输入端 CD，进行减法计数。汽车方向盘顺时针和逆时针旋转时，其最大旋转角度均为两圈半，选用分辨率为 360 个脉冲/圈的编码器，其最大输出脉冲数为 900 个；实际使用的计数电路由 3 片 74LS193 组成，在系统上电初始化时，先对其进行复位（CLR 信号），再将其初值设为 800H，即 2048（LD 信号）。因此，当方向盘顺时针旋转时，计数电路的输出范围为 2 048 ~ 2 948；当方向盘逆时针旋转时，计数电路的输出范围为2 048 ~ 1 148。计数电路的数据输出 $D_0$ ~ $D_{11}$ 送至数据处理电路。

实际使用时，方向盘频繁地进行顺时针和逆时针转动，由于存在量化误差，工作较长一段时间后，方向盘回中时计数电路输出可能不是 2 048，而是有几个字的偏差；为解决这一问题，增加了一个方向盘回中检测电路，系统工作后，数据处理电路在模

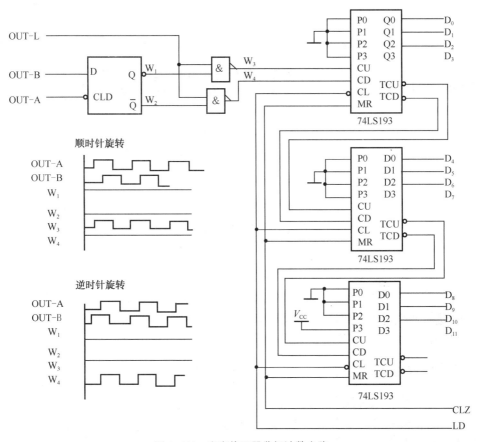

图 4 – 74　光电编码器鉴相计数电路

拟器处于非操作状态时，系统检测回中检测电路，若方向盘处于回中状态，而计数电路的数据输出不是 2 048，可对计数电路进行复位，并重新设置初值。

## 五、任务练习题

（1）光电编码器的工作原理是什么？
（2）光电编码器的种类是什么？

# 项目五 位移和转速的检测

## 任务一  霍尔传感器的应用

### 一、任务描述

在车辆行驶中，需要对转速进行检测，要求利用霍尔传感器实现转速的测量，当转速超过限定值时进行报警。

### 二、任务目标

（1）了解霍尔传感器的工作原理。

（2）能够利用霍尔传感器对电路进行测量。

（3）能够进行霍尔传感器测量电路的连接。

### 三、知识链接

霍尔传感器是根据霍尔效应制成的一种磁场传感器。霍尔效应是磁电效应的一种，这一现象是霍尔（A. H. Hall，1855—1938）于1879年在研究金属的导电机构时发现的。后来发现半导体、导电流体等也有这种效应，而半导体的霍尔效应比金属强得多，利用这一现象制成的各种霍尔元件，广泛地应用于工业自动化技术、检测技术及信息处理等方面。霍尔效应是研究半导体材料性能的基本方法。通过霍尔效应实验测定的霍尔系数，能够判断半导体材料的导电类型、载流子浓度及载流子迁移率等重要参数。

霍尔传感器测量原理

霍尔器件具有许多优点，它们的结构牢固，体积小，质量轻，寿命长，安装方便，功耗小，频率高（可达1 MHz），耐振动，不怕灰尘、油污、水汽及盐雾等的污染或腐蚀，并且霍尔线性器件的精度高、线性度好；霍尔开关器件无触点、无磨损、输出波形清晰、无抖动、无回跳、位置重复精度高（可达 μm 量级）。采用了各种补偿和保护措施的霍尔器件的工作温度范围宽，可达 55 ~ 150 ℃。

#### 1. 霍尔效应

将置于磁场中的导体或半导体通入电流，若电流与磁场垂直，则在与磁场和电流都垂直的方向上会出现一个电动势差，这种现象就是霍尔效应。产生的电动势差称为霍尔电压。利用霍尔效应制成的元件称为霍尔传感器。

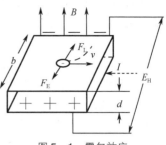

图 5-1 霍尔效应

如图 5-1 所示，将 N 型半导体材料长、宽、厚分别设为 $l$、$b$ 和 $d$。导电的载流子是电子。若通以电流 $I$，电子将受到一个沿 $y$ 轴负方向力的作用，这个力就是洛伦兹力。洛伦兹力用 $F_L$ 表示，大小为

$$F_L = qvB \qquad (5-1)$$

式中　$q$——载流子电荷；

　　　$v$——载流子的运动速度；

　　　$B$——磁感应强度。

在洛伦兹力的作用下，电子向一侧偏转，使该侧形成负电荷的积累，另一侧则形成正电荷的积累。这样在上、下两端面因电荷积累而建立了一个电场 $E_H$，称为霍尔电场。该电场对电子的作用力与洛伦兹力的方向相反，即阻止电荷的继续积累。

当电场力与洛伦兹力相等时，达到动态平衡，这时有

$$qE_H = qvB \qquad (5-2)$$

故霍尔电场的强度为

$$E_H = vB \qquad (5-3)$$

所以，霍尔电压 $U_H$ 可表示为

$$U_H = E_H b = vBb \qquad (5-4)$$

流过霍尔元件的电流为

$$I = \mathrm{d}Q/\mathrm{d}t = bdvnq \qquad (5-5)$$

由式 (5-5) 得

$$v = I/(nqbd) \qquad (5-6)$$

将式 (5-6) 代入式 (5-4) 得

$$U_H = BI/(nqd) \qquad (5-7)$$

若取 $R_H = 1/(nq)$，则由式 (5-7) 得

$$U_H = R_H \frac{IB}{d} \qquad (5-8)$$

$R_H$ 被定义为霍尔元件的霍尔系数。显然，霍尔系数由半导体材料的性质决定，它反映材料霍尔效应的强弱。

设　　　　　　　$$K_H = \frac{R_H}{d} \qquad (5-9)$$

将式 (5-9) 代入式 (5-8) 中得

$$U_H = K_H IB \qquad (5-10)$$

称 $K_H$ 为霍尔元件的灵敏度，它表示一个霍尔元件在单位控制电流和单位磁感应强度时产生的霍尔电压的大小，单位是 $mV/(mA \cdot T)$。

$$K_H = \frac{1}{nqd} \qquad (5-11)$$

通过以上分析还可以得到载流体的电阻率 $\rho$ 与霍尔系数 $R_H$ 和载流子迁移率 $\mu$ 之间的关系为

$$\rho = \frac{R_H}{\mu} \tag{5-12}$$

因此可以看出：

（1）霍尔电压 $U_H$ 与材料的性质有关。材料的 $\rho$、$\mu$ 大，$R_H$ 就大。金属的 $\mu$ 虽然很大，但 $\rho$ 很小，故不宜制成元件。在半导体材料中，由于电子的迁移率比空穴的大，且 $\mu_n > \mu_p$，所以霍尔元件一般采用 N 型半导体材料。

（2）霍尔电压 $U_H$ 与元件的尺寸有关。

由以上分析可以看出，$d$ 越小，$K_H$ 越大，霍尔灵敏度越高，所以霍尔元件的厚度都比较薄，但 $d$ 太小，会使元件的输入、输出电阻增加。

霍尔电压 $U_H$ 与控制电流及磁场强度有关。当磁场改变方向时，电压也改变方向。同样，当霍尔灵敏度及磁感应强度恒定时，增加控制电流，也可以提高霍尔电压的输出。

**2. 霍尔元件的基本结构**

霍尔元件常采用的半导体材料有 N 型锗（Ge）、锑化铟（InSb）、砷化铟（InAs）、砷化镓（GaAs）及磷砷化铟（InAsP）、N 型硅（Si）等。锑化铟元件的输出较大，受温度的影响也较大；砷化铟和锗元件输出虽然不如锑化铟大，但温度系数小，线性度也好；砷化镓元件的温度特性和输出线性好，但价格贵。

霍尔元件的结构与其制造工艺有关。例如，体型霍尔元件是将半导体单晶材料定向切片，经研磨抛光，然后用蒸发合金法或其他方法制作欧姆接触电极，最后焊上引线并封装。而膜式霍尔元件则是在一块极薄（0.2 mm）的基片上用蒸发或外延的方法制成一种半导体薄膜，然后再制作欧姆接触电极，焊引线，并最后封装。由于霍尔元件的几何尺寸及电极的位置和大小等均直接影响它输出的霍尔电动势，所以在制作时都有很严格的要求。

其构成由霍尔片、引线和壳体组成，如图 5-2 所示。

霍尔片是一块矩形半导体单晶薄片（一般为 4 mm×2 mm×0.1 mm），如图 5-2（a）所示，引出 4 个引线。1、1′两根引线加激励电压或电流，通常用红色导线，称为激励电极；2、2′引线，通常用绿色导线为霍尔输出引线，称为霍尔电极。霍尔元件

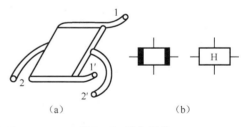

图 5-2 霍尔元件
（a）外形结构图；（b）图形符号

壳体由非导磁金属、陶瓷或环氧树脂封装而成。在电路中霍尔元件可用两种符号表示，如图 5-2（b）所示。

**3. 霍尔元件的基本测量电路**

常见的霍尔元件的测量电路根据加入控制电流信号的不同分为直流输入和交流输入。通常霍尔元件的转换效率较低，在实际应用中，为了获得较大的霍尔输出电压，可以将几个霍尔元件的输出串联起来。

当控制电流为直流输入时，为了得到较大的霍尔输出，可将几块霍尔元件的输出

串联。但控制电流必须并联而不能串联,如图5-3所示。串联起来将有大部分控制电流被相连的霍尔电动势极短接。

当控制电流为交流输入时,可采用如图5-4所示的连接方式,这样可以增加霍尔输出电动势及功率。

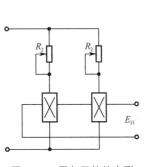

图5-3 霍尔元件的串联

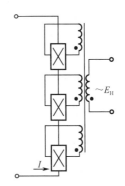

图5-4 霍尔片的并联

### 4. 霍尔元件的主要参数

(1)额定功耗 $P_0$。在环境温度25 ℃时,允许通过霍尔元件的电流和电压的乘积。

(2)输入电阻 $R_i$ 和输出电阻 $R_o$。$R_i$ 是指控制电流极之间的电阻值。$R_o$ 是指霍尔元件电极间的电阻。$R_i$、$R_o$ 可以在无磁场时用欧姆表测量。

(3)不等位电动势 $U_0$。霍尔元件在额定控制电流作用下,若元件不加外磁场,输出的霍尔电压的理想值应为零,但由于存在着电极的不对称、材料电阻率不均衡等因素,霍尔元件会输出电压,该电压称为不等位电动势 $U_0$,其值与输入电压、电流成正比。$U_0$ 一般很小,不大于1 mV。

(4)霍尔温度系数 $\alpha$。在一定的磁感应强度和控制电流下,温度变化1 ℃时,霍尔电动势变化的百分率。

(5)额定控制电流 $I$。给霍尔元件通以电流,能使霍尔元件在空气中产生10 ℃温升的电流值,称为控制电流 $I$。

(6)霍尔电压 $U_H$。将霍尔元件置于 $B=0.1$ T 的磁场中,再加上输入电压,此时霍尔元件的输出电压就是霍尔电压 $U_H$。图5-5所示是霍尔元件在恒流源和恒压源下的霍尔电压 $U_H$ 和磁通密度 $B$ 之间的典型曲线。

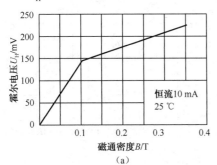

(a)

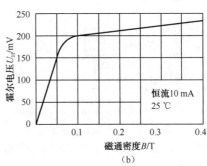

(b)

图5-5 霍尔元件输出特性

(a)恒流源驱动;(b)恒压驱动

**5. 霍尔元件的测量误差和补偿**

1）不等位电动势 $U_0$ 的电路补偿

对于不等位电动势的电路补偿一般常采用加补偿电阻的方法来消除由于霍尔元件本身存在的不等位电动势 $U_0$，但使用这种方法会影响霍尔元件的灵敏度和精度。图 5-6 所示为几种常见的补偿电路。利用输入回路的串联电阻进行补偿，使得输出是由因温度升高霍尔系数引起霍尔电压的增量和一项是输入电阻因温度升高引起霍尔电压减小的量。很明显，只有当因温度升高引起霍尔电压的增量时，才能用串联电阻的方法减小输入电阻因温度升高引起霍尔电压的减小，从而实现自补偿。

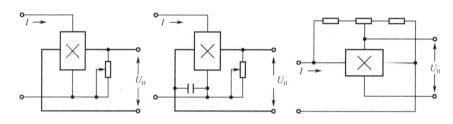

图 5-6 不等位电动势的补偿电路

2）利用热敏电阻进行补偿

对于温度系数大的半导体材料常使用热敏电阻进行补偿。霍尔输出随温度升高而下降，只要能使控制电流随温度升高而上升，就能进行补偿。例如，在输入回路串入热敏电阻，如图 5-7（a）所示，当温度上升时其阻值下降，从而使控制电流上升。

另一种是在输出回路进行补偿，如图 5-7（b）所示。负载 $R_L$ 上的霍尔电动势随温度上升而下降的量被热敏电阻阻值减小所补偿。实际使用时，热敏电阻最好与霍尔元件封在一起或靠近，使它们温度变化一致。

3）利用补偿电桥进行补偿

利用补偿电桥接入调节电位器 $R_P$ 可以消除不等位电动势，如图 5-8 所示。电桥由温度系数低的电阻构成，在某一桥臂电阻上并联一热敏电阻。温度变化时，热敏电阻将随温度变化而变化，电桥的输出电压相应变化，仔细调节，即可补偿霍尔电动势的变化，使其输出电压与温度基本无关。

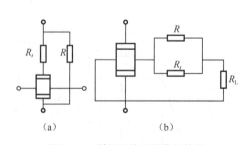

图 5-7 利用热敏电阻进行补偿
（a）输入回路补偿；（b）输出回路补偿

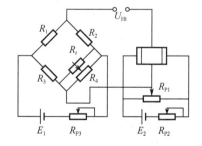

图 5-8 补偿电桥补偿

**6. 集成霍尔传感器**

集成霍尔传感器是利用硅集成电路工艺将霍尔元件和测量线路集成在一起的霍尔

传感器。它取消了传感器和测量电路之间的界限，实现了材料、元件、电路三位一体。集成霍尔传感器由于减少了焊点，因此显著地提高了可靠性。此外，它还具有体积小、质量轻、功耗低等优点。

常见的集成霍尔传感器有开关型集成霍尔传感器和线性集成霍尔传感器两种。

1）开关型集成霍尔传感器

开关型集成霍尔传感器是把霍尔元件的输出经过处理后输出一个高电平或低电平的数字信号。

霍尔开关电路又称霍尔数字电路，由稳压器、霍尔元件、差分放大器、施密特触发器和输出级 5 部分组成，如图 5-9 所示。

当有磁场作用在霍尔传感器上时，根据霍尔效应的原理，霍尔元件输出霍尔电压 $U_H$，该电压经放大器放大后，送至施密特整形电路。当放大后的 $U_H$ 电压大于"开启"阈值时，施密特整形电路翻转，输出高电平，使半导体管 VT 导通，且具有吸收电流的负载能力，这种状态称为开状态。当磁场减弱时，霍尔元件输出的 $U_H$ 电压很小，经放大器放大后其值也小于施密特整形电路的"关闭"阈值，施密特整形器再次翻转，输出低电平，使半导体管 VT 截止，这种状态称为关状态。这样，一次磁场强度的变化，就使传感器完成开关动作。图 5-10（a）所示为集成霍尔开关传感器外形。图 5-10（b）所示是霍尔开关集成传感器的典型应用电路。

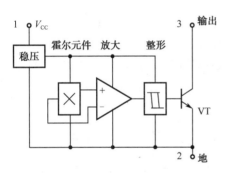

图 5-9　霍尔开关集成传感器的内部结构

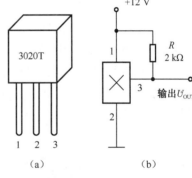

图 5-10　霍尔开关集成传感器
（a）外形；（b）应用电路

2）线性集成霍尔传感器

线性集成霍尔传感器是把霍尔元件与放大线路集成在一起的传感器。其输出电压与外加磁场成线性比例关系。

线性集成霍尔传感器一般由霍尔元件、差分放大、射极跟随输出及稳压 4 部分组成，线性集成霍尔传感器广泛用于位置、力、质量、厚度、速度、磁场、电流等的测量或控制。

线性集成霍尔传感器有单端输出和双端输出两种，它们的电路结构分别如图 5-11 和图 5-12 所示。

单端输出的线性集成霍尔传感器是一个三端器件，它的输出电压对外加磁场的微小变化能作出线性响应，通常将输出的电压用电容连到外接放大器，将输出电压放大到较高的水平。其典型产品是 SL3501T。

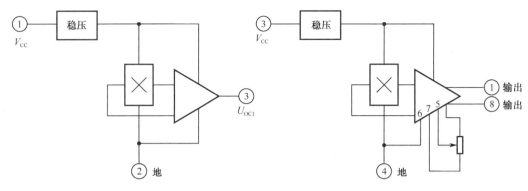

图 5-11 单端输出传感器结构　　　图 5-12 双端输出传感器结构

　　双端输出的线性集成霍尔传感器是一个 8 脚双列直插式封装器件，它可提供差动射极跟随输出，还可提供输出失调调零。其典型的产品是 SL3501M。

　　图 5-13 给出了线性霍尔器件的输出特性曲线。当磁场为零时，它的输出电压等于零；当感受的磁场为正向时，输出为正；磁场反向时，输出为负。

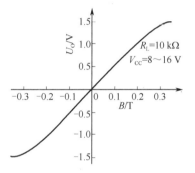

图 5-13　线性霍尔器件的输出特性曲线

### 7. 霍尔传感器的应用

**1）微位移测量**

　　霍尔片在磁路中有位移，改变了霍尔元件所感受到的磁场大小和方向，引起霍尔电动势的大小和极性的变化，如图 5-14 所示。当霍尔元件工作电流保持不变，并且在一个均匀磁场中移动时，如图 5-14（a）所示，则它输出的霍尔电压只取决于它在磁场中的位移量，如图 5-14（b）所示。

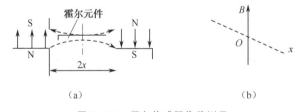

（a）　　　　　　　　　　　　（b）

图 5-14　霍尔传感器位移测量

（a）霍尔微位移测量；（b）输出特性

**2）霍尔计数测量**

　　霍尔开关传感器 SL3501 是具有较高灵敏度的集成霍尔元件，能感受到很小的磁场变化，因而可对黑色金属零件进行计数检测。传感器可输出峰值 20 mV 的脉冲电压，该电压经运算放大器 A（μA741）放大后，驱动半导体三极管 VT（2N5812）工作，VT 输出端便可接计数器进行计数，并由显示器显示检测数值，如图 5-15 所示。

**3）霍尔接近传感器和接近开关**

　　在霍尔器件背后偏置一块永久磁体，并将它们和相应的处理电路装在一个壳体内，做成一个探头，将霍尔器件的输入引线和处理电路的输出引线用电缆连接起来，它们

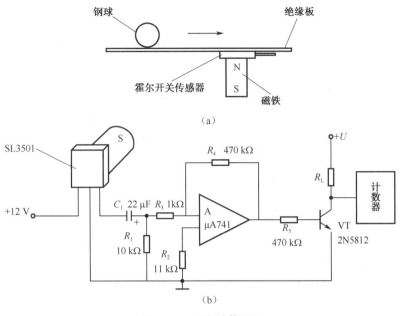

图 5-15 霍尔计数测量

(a) 结构；(b) 测量电路

的功能框图如图 5-16 所示。图 5-16 (a) 所示为霍尔线性接近传感器，图 5-16 (b) 所示为霍尔接近开关。

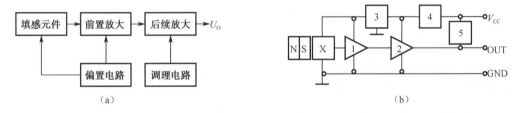

图 5-16 霍尔接近传感器的功能图

(a) 霍尔线性接近传感器；(b) 霍尔接近开关

　　霍尔线性接近传感器主要用于黑色金属的自控计数，黑色金属的厚度检测、距离检测、齿轮数齿、转速检测、测速调速、缺口传感、张力检测、棉条均匀检测、电磁量检测和角度检测等。

　　霍尔接近开关主要用于各种自动控制装置，完成所需的位置控制、加工尺寸控制、自动计数、各种计数、各种流程的自动衔接、液位控制和转速检测等。

　　4）霍尔转速测量

　　在被测转速的转轴上安装一个齿盘，也可选取机械系统中的一个齿轮，将线性霍尔器件及磁路系统靠近齿盘，如图 5-17 所示。齿盘的转动使磁路的磁阻随气隙的改变而周期性地变化，霍尔器件输出的微小脉冲信号经隔直、放大、整形后可以确定被测物的转速。

$$n = 60\frac{f}{22}$$

当齿对准霍尔元件时，磁力线集中穿过霍尔元件，可产生较大的霍尔电动势，放大、整形后输出高电平；反之，当齿轮的空挡对准霍尔元件时，输出为低电平。

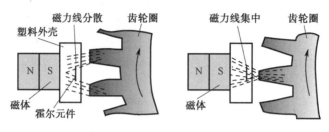

图 5-17　霍尔传感器测速

### 8. 国产霍尔元件的命名方法

常见的国产霍尔元件的命名方法如图 5-18 所示。常见的国产霍尔元件的型号有 HZ-1、HZ-2、HZ-3、HT-1、HT-2、HS-1 等。

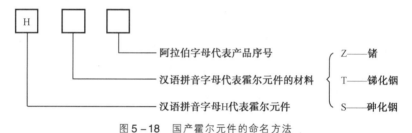

图 5-18　国产霍尔元件的命名方法

## 四、任务实施

利用霍尔元件、二极管、LM393、稳压管等器件进行霍尔转速仪电路的设计，并完成电路的制作与调试。

霍尔转速仪测量电路如图 5-19 所示。

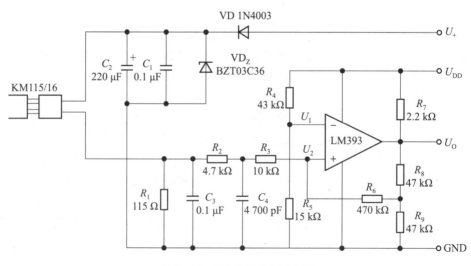

图 5-19　霍尔转速仪测量电路

（1）自行分析上图该电路的原理并进行调试。

（2）总结霍尔传感器在电路应用中的注意事项。

## 五、任务练习题

（1）什么是霍尔效应？

（2）霍尔集成传感器有哪几种类型？其工作特点是什么？

# 任务二　光纤传感器的应用

## 一、任务描述

利用光纤传感器对电动机转速进行测量，并显示。

## 二、任务目标

（1）了解光纤传感器的工作原理。

（2）能够利用光纤传感器测量电动机转速。

## 三、知识链接

光纤传感器是20世纪70年代中期发展起来的一种基于光导纤维的新型传感器。它是光纤和光通信技术迅速发展的产物，它与以电为基础的传感器有本质的区别。光纤传感器用光作为敏感信息的载体，用光纤作为传递敏感信息的介质。因此，它同时具有光纤及光学测量的特点：电绝缘性能好，抗电磁干扰能力强，非侵入性，高灵敏度，容易实现对被测信号的远距离监控。

现今光纤传感器可测量位移、速度、加速度、液位、应变、压力、流量、振动、温度、电流、电压、磁场等物理量，有着非常广泛的应用。

### 1. 光纤传感器的基本结构

光导纤维是一种光信号的传输介质。光导纤维简称为光纤，目前基本上多采用石英玻璃，其结构如图5-20所示。中心的圆柱体叫纤芯，围绕着纤芯的圆形外层叫作包层。纤芯和包层主要由不同掺杂的石英玻璃制成。

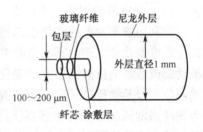

图 5-20　光纤传感器的结构

由于纤芯和包层之间存在着折射率的差异，纤芯的折射率略大于包层的折射率，在包层外面还常有一层保护套，多为尼龙材料。光纤的导光能力取决于纤芯和包层的性质，而光纤的机械强度由保护套维持。

在光纤中，光的传输限制在光纤中，并随光纤能传送到很远的距离，光纤的传输是基于光的全内反射。

### 2. 光纤的种类

1）根据光纤在传感器中的作用分类

根据光纤在传感器中的作用分类，光纤传感器可分为功能型、非功能型和拾光型3大类。

（1）功能型（全光纤型）光纤传感器。

这类传感器利用的是光纤本身对外界被测对象具有敏感能力和检测功能。光纤不仅起到传光作用，而且在被测对象作用下（如光强、相位、偏振态等光学特性）得到调制，调制后的信号携带了被测信息，如图5-21所示。

（2）非功能型（传光型）光纤传感器。

非功能型（传光型）光纤传感器的光纤只当作传播光的介质，待测对象的调制功能是由其他光电转换元件实现的，光纤的状态是不连续的，光纤只起传光作用，如图5-22所示。

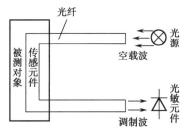

图5-21 功能性光纤传感器

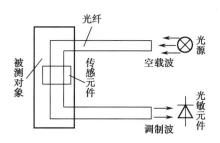

图5-22 非功能型光纤传感器

（3）拾光型光纤传感器。

用光纤作为探头，接收由被测对象辐射的光或被其反射、散射的光，如图5-23所示。其典型例子如光纤激光多普勒速度计、辐射式光纤温度传感器等。

2）根据光受被测对象的调制形式分类

根据形式不同，分为强度调制型、偏振调制型、频率调制型、相位调制型。

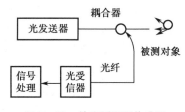

图5-23 拾光型光纤传感器

（1）强度调制型光纤传感器。

即利用被测对象的变化引起敏感元件的折射率、吸收或反射等参数的变化，而导致光强度变化来实现敏感测量的传感器。有利用光纤的微弯损耗，各物质的吸收特性，振动膜或液晶的反射光强度的变化，物质因各种粒子射线或化学、机械的激励而发光的现象，以及物质的荧光辐射或光路的遮断等来构成压力、振动、温度、位移、气体等各种强度调制型光纤传感器。优点：结构简单、容易实现，成本低。缺点：受光源强度波动和连接器损耗变化等影响较大。

（2）偏振调制型光纤传感器。

即利用光偏振态变化来传递被测对象信息的传感器。有利用光在磁场中介质内传播的法拉第效应做成的电流、磁场传感器，利用光在电场中的压电晶体内传播的泡尔效应做成的电场、电压传感器，利用物质的光弹效应构成的压力、振动或声传感器，以及利用光纤的双折射性构成温度、压力、振动等传感器。这类传感器可以避免光源强度变化的影响，因此灵敏度高。

（3）频率调制型光纤传感器。

即利用单色光射到被测物体上时反射回来的光的频率发生的变化来进行监测的传感器。有利用运动物体反射光和散射光的多普勒效应的光纤速度、流速、振动、压力、加速度传感器，利用物质受强光照射时的拉曼散射构成的测量气体浓度或监测大气污染的气体传感器，以及利用光致发光的温度传感器等。

（4）相位调制型光纤传感器。

即利用被测对象对敏感元件的作用，使敏感元件的折射率或传播常数发生变化，而导致光的相位变化，使两束单色光所产生的干涉条纹发生变化，通过检测干涉条纹的变化量来确定光的相位变化量，从而得到被测对象的信息。通常有利用光弹效应的声、压力或振动传感器，利用磁致伸缩效应的电流、磁场传感器，利用电致伸缩的电场、电压传感器，以及利用光纤赛格纳克（Sagnac）效应的旋转角速度传感器（光纤陀螺）等。这类传感器的灵敏度很高，但由于需用特殊光纤及高精度检测系统，因此成本高。

### 3. 光导纤维导光的基本原理

光纤传感器是以光学量转换为基础，以光信号为变换和传输的载体，利用光纤输送光信号的一种传感器。光纤传感器主要由光源、光纤、光检测器和附加装置组成，如图 5 – 24 所示。

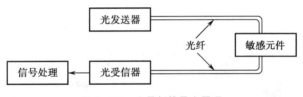

图 5 – 24　光导纤维导光原理

光是一种电磁波，一般采用波动理论来分析导光的基本原理。然而根据光学理论指出：在尺寸远大于波长而折射率变化缓慢的空间，可以用"光线"即几何光学的方法来分析光波的传播现象，这对于光纤中的多模光纤是完全适用的。为此，采用几何光学的方法来分析。

斯乃尔定理是当光由光密物质（折射率大）入射至光疏物质时发生折射，其折射角大于入射角，即 $n_1 > n_2$ 时，$\theta_2 > \theta_i$，如图 5 – 25（a）所示。$n_1$、$n_2$、$\theta_2$、$\theta_i$ 之间的关系为

$$n_1 \sin\theta_i = n_2 \sin\theta_2 \tag{5–13}$$

可见，入射角 $\theta_i$ 增大时，折射角 $\theta_2$ 也随之增大，且始终是 $\theta_2 > \theta_i$。

当 $\theta_2 = 90°$ 时，$\theta_i$ 仍小于 $90°$，此时，出射光线沿界面传播，如图 5 – 25（b）所示，称为临界状态。这时有：

$$\sin\theta_2 = \sin90° = 1 \tag{5–14}$$

$$\sin\theta_{i0} = n_2/n_1 \tag{5–15}$$

$$\theta_{i0} = \arcsin(n_2/n_1) \tag{5–16}$$

式中　$\theta_{i0}$——临界角。

当 $\theta_i > \theta_{i0}$ 并继续增大时，$\theta_2 > 90°$，这时便发生全反射现象，如图 5 – 25（c）所示，其出射光不再折射而全部反射回来。

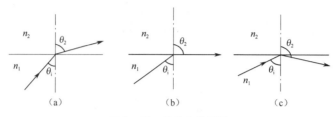

图 5 – 25　光的传输原理

（a）光的折射示意图；（b）临界状态示意图；（c）光全反射示意图

### 4. 光纤传感器的应用

1）遮光式光纤温度计

当温度升高时，图 5 – 26 所示双金属片的变形量增大，带动遮光板在垂直方向产生位移，从而使输出光强发生变化。

2）膜片反射型光纤压力传感器

Y 形光纤束的膜片反射型光纤压力传感器如图 5 – 27 所示。在 Y 形光纤束前端放置一感压膜片，当膜片受压变形时，使光纤束与膜片间的距离发生变化，从而使输出光强受到调制。

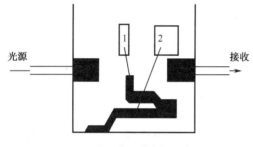

图 5 – 26　热双金属式光纤温度开关

1—遮光板；2—双金属片

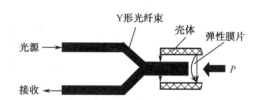

图 5 – 27　反射型光纤压力传感器

3）光纤液位的检测

（1）球面光纤液位传感器。

光由光纤的一端导入，在球状对折端部一部分光透射出去，而另一部分光反射回来，由光纤的另一端导向探测器，探头结构如图 5 – 28 所示。反射光强的大小取决于被测介质的折射率。被测介质的折射率与光纤折射率越接近，反射光强度越小。显然，传感器处于空气中时比处于液体中时的反射光强要大。因此，该传感器可用于液位报警。若以探头在空气中时的反射光强度为基准，则当接触水时反射光强变化为 – 6 ～ – 7 dB，接触油时变化为 – 25 ～ – 30 dB，检测原理如图 5 – 29 所示。

（2）斜端面光纤液位传感器。

图 5 – 30 所示为反射式斜端面光纤液位传感器的两种结构。同样，当传感器接触液面时，将引起反射回另一根光纤的光强减小。这种形式的探头在空气中［见图 5 – 30（a）］和水中［见图 5 – 30（b）］时，反射光强度差约在 20 dB 以上。

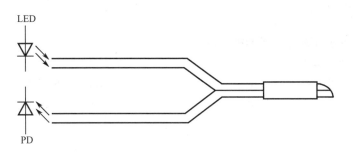

图 5 - 28　探头结构

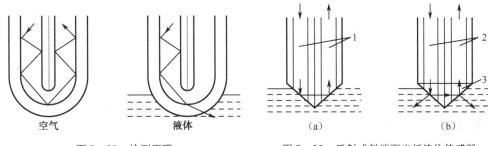

图 5 - 29　检测原理

图 5 - 30　反射式斜端面光纤液位传感器

（a）探头在空气中；（b）探头在水中

1，2—光纤；3—棱镜

## 四、任务实施

### 1. 电动机测速

在电动机（小电机端面上贴有两张反光纸）中利用光纤传感器对电动机的转速进行测量。测试原理如图 5 - 31 所示。

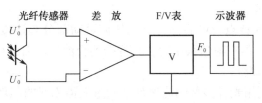

图 5 - 31　光纤式电动机测速原理

### 2. 调试

将光纤探头移至电动机上方对准电动机上的反光纸，调节光纤传感器的高度，再用手稍微转动电动机，让反光面避开光纤探头。调节差动放大器的调零，使 F/V 表显示接近零。将直流稳压电源置 ±10 V 挡，在电动机控制单元的 $U_0^+$ 处接入 +10 V 电压，调节转速旋钮使电动机运转。

将 F/V 表置 2K 挡显示频率，用示波器观察 F 输出端的转速脉冲信号（$U_{p-p}$ = 4 V）；根据脉冲信号的频率及电动机上反光片的数目，换算出此时的电动机转速。

## 五、拓展知识

**光纤传感器进行流量、流速的检测**

### 1. 光纤涡街流量计

当一个非流线体置于流体中时，在某些条件下会在液流的下游产生有规律的旋涡。这种旋涡将会在该非流线体的两边交替地离开。当每个旋涡产生并泻下时，会在物体壁上产生一侧向力。这样，周期产生的旋涡将使物体受到一个周期的压力。若物体具有弹性，它便会产生振动，振动频率近似地与流速成正比，即

$$f = sv/d$$

式中　$v$——流体的流速；

　　　$d$——物体相对于液流方向的横向尺寸；

　　　$s$——与流体有关的无量纲常数。

因此，通过检测物体的振动频率便可测出流体的流速。光纤涡街流量计便是根据这个原理制成的，其结构如图 5−32 所示。

在横贯流体管道的中间装有一根绷紧的多模光纤，当流体流动时，光纤就发生振动，其振动频率近似与流速成正比。由于使用的是多模光纤，故当光源采用相干光源（如激光器）时，其输出光斑是模式间干涉的结果。当光纤固定时，输出光斑花纹稳定。当光纤振动时，输出光斑亦发生移动。对于处于光斑中某个固定位置的小型探测器，光斑花纹的移动反映为探测器接收到的输出光强的变化。利用频谱分析，即可测出光纤的振动频率。根据上式或实验标定得到流速值，在管径尺寸已知的情况下，即可计算出流量。

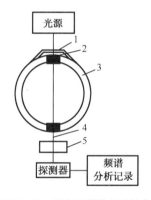

图 5−32　光纤涡街流量计结构
1—夹具；2—密封胶；3—液体流管；
4—光纤；5—张力载荷

光纤涡街流量计的特点：可靠性好，无任何可动部分和连接环节，对被测体流阻小，基本不影响流速。但在流速很小时，光纤振动会消失，因此存在一定的测量下限。

### 2. 光纤多普勒流速计

图 5−33 所示为利用光纤多普勒流速计来测量流体流速的原理。当待测流体为气体时，散射光将非常微弱，此时可采用大功率的 Ar 激光器（出射光功率为 2 W，$\lambda = 514.5$ nm）以提高信噪比。其特点是：非接触测量，不影响待测物体的流动状态。

## 六、任务练习题

(1) 光纤传感器的特点是什么？可以测量哪些量？

(2) 光纤传感器的分类有哪些？

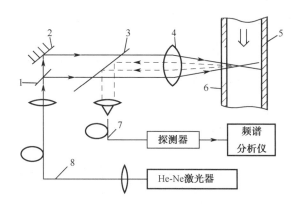

图 5-33 光纤多普勒流速计结构

1，3—分束器；2—反射镜；4—透镜；5—流体管道；6—窗口；7，8—光纤

# 任务三 超声波传感器的应用

## 一、任务描述

利用超声波传感器进行倒车雷达的设计，要求车辆距离障碍物分别小于 1 m、0.5 m、0.25 m 时，发出不同的报警声音。

## 二、任务目标

（1）了解超声波传感器的工作原理。

（2）能够运用超声波传感器进行测距。

## 三、知识链接

超声波传感器是利用超声波的特性研制而成的传感器。超声波是一种振动频率高于声波的机械波，由换能晶片在电压的激励下发生振动产生的，它具有频率高、波长短、绕射现象小，特别是方向性好，能够成为射线而定向传播等。超声波对液体、固体的穿透本领很大，尤其在阳光不透明的固体中，它可穿透几十米的深度。超声波碰到杂质会产生显著反射形成回波，碰到活动物体能产生多普勒效应。因此超声波检测广泛应用在工业、国防、生物医学等方面。

超声波传感器原理

以超声波作为检测手段，必须能够产生超声波和接收超声波。完成这种功能的装置就是超声波传感器，习惯上称为超声波换能器，或者称为超声探头。

### 1. 超声波的基本特性

超声波是高于听觉频率阈值的机械振动，其频率在 $10^4 \sim 10^{12}$ Hz，其中常用的频率在 $10^4 \sim 3 \times 10^6$ Hz。超声波在声场（被超声所充满的空间）传播时，如果超声波的波长与声场的尺度相比，远小于声场的尺度，超声波就像处在一种无限介质中，超声波自由地向外扩散；反之，如果超声波的波长与相邻介质的尺寸相近，则超声波受到界面限制不能自由地向外扩散。

超声波在介质中可产生 3 种形式的波，声波的频率界限图如图 5 - 34 所示。

（1）横波——质点振动的方向垂直于波的传播方向。

（2）纵波——质点振动方向与波的传播方向一致。

（3）表面波——质点振动介于纵波与横波之间，沿物体表面传播。

横波只能在固体中传播；纵波能在固体、液体和气体中传播；表面波能在固体、液体中传播，随深度的增加其衰减很快。为了测量各种状态下的物理量，多采用纵波。超声波的频率越高，与光波的某些性质越相似。

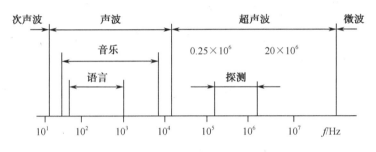

图 5 - 34 声波的频率界限图

超声波与其他声波一样，波速与介质密度和弹性特性有关。

超声波在固体中传播衰减小，在液体中传播衰减较大，在气体中传播衰减最大。

**2. 超声波传感器的工作原理**

超声波传感器的主要材料有压电晶体（电致伸缩）及镍铁铝合金（磁致伸缩）两类。电致伸缩的材料有锆钛酸铅（PZT）等。超声波探头按其工作原理可分为压电式、磁致伸缩式、电磁式等，其中以压电式最为常用。压电式超声波探头常用的材料是压电晶体和压电陶瓷，这种传感器统称为压电式超声波探头。它是利用压电材料的压电效应来工作的：逆压电效应将高频电振动转换成高频机械振动，从而产生超声波，可作为发射探头；而正压电效应是将超声振动波转换成电信号，可作为接收探头，也可以称为发送器和接收器。

压电式超声波传感器主要由压电晶片、吸收块（阻尼块）、保护膜、引线等组成，结构如图 5 - 35 所示。压电晶片多为圆板形，厚度为 $\delta$。超声波频率 $f$ 与其厚度 $\delta$ 成反比。压电晶片的两面镀有银层，作导电的极板。阻尼块的作用是降低晶片的机械品质，吸收声能量。如果没有阻尼块，当激励的电脉冲信号停止时，晶片将会继续振荡，加长超声波的脉冲宽

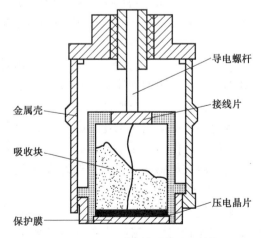

图 5 - 35 压电式超声波传感器结构

度，使分辨率变差。

利用铁磁材料的磁致伸缩效应原理来工作的磁致伸缩式超声波发生器是把铁磁材料置于交变磁场中，使它产生机械尺寸的交替变化，即机械振动，从而产生出超声波。

磁致伸缩式超声波接收器的原理是：当超声波作用在磁致伸缩材料上时，引起材料伸缩，从而导致它的内部磁场（即导磁特性）发生改变。根据电磁感应，磁致伸缩材料上所绕的线圈里便获得感应电动势。此电动势被送到测量电路，最后被记录或显示出来。

磁致伸缩式超声波发生器是用厚度为 0.1～0.4 mm 的镍片叠加而成的，片间绝缘以减少涡流电流损失。其结构形状有矩形、窗形等，如图 5-36 所示。

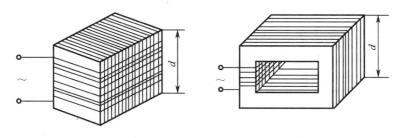

图 5-36　磁致伸缩式超声波发生器的结构

磁致伸缩超声波发生器的机械振动固有频率的表达式与压电式的相同，即

$$f = \frac{n}{2d}\sqrt{\frac{E}{\rho}} \tag{5-17}$$

如果振动器是自由的，则 $n = 1$，2，3，…，如果振动器的中间部分固定，则 $n = 1$，3，5，…。

磁致伸缩式超声波发生器的材料除镍外，还有铁钴钒合金（铁 49%、钴 49%、钒 2%）和含锌、镍的铁氧体。

磁致伸缩式超声波发生器只能用在几万赫兹的频率范围以内，但功率可达十万瓦，声强可达几千 W/cm²，能耐较高的温度。

**3. 超声波探头的材料**

按工作原理分类，有压电式、磁致伸缩式、电磁式。

按结构不同分类，有直探头、斜探头、双探头、表面波探头、聚焦探头等。

常见的超声波探头中的压电陶瓷芯片如图 5-37 所示，它能将数百伏的超声电脉冲加到压电晶片上，利用逆压电效应，使晶片发射出持续时间很短的超声振动波。当超声波经被测物反射回到压电晶片时，利用压电效应，将机械振动波转换成同频率的交变电荷和电压。

1）单晶直探头

用于固体介质的单晶直探头（俗称直探头），其压电晶片采用 PZT 压电陶瓷材料制作，外壳用金属制作，保护膜用于防止压电晶片磨损。其结构如图 5-38 所示。

图 5-37　超声波探头中的压电陶瓷芯片

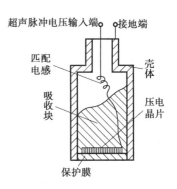

图 5-38　接触式直探头结构

2）双晶直探头

由两个单晶探头组合而成，装配在同一壳体内。其中，一片晶片发射超声波，另一片晶片接收超声波。两晶片之间用一片吸声性能强、绝缘性能好的薄片加以隔离。双晶探头的结构虽然复杂些，但检测精度比单晶直探头高，且超声波信号的反射和接收的控制电路较单晶直探头简单。

3）斜探头

压电晶片粘贴在与底面成一定角度（如30°、45°等）的有机玻璃斜楔块上，压电晶片的上方用吸声性强的阻尼吸收块覆盖。当斜楔块与不同材料的被测介质（试件）接触时，超声波产生一定角度的折射，倾斜入射到试件中去，折射角可通过计算求得。

4）空气传导型探头

超声探头的发射换能器和接收换能器一般是分开设置的，两者结构也略有不同，发射器的压电晶片上粘贴了一只锥形共振盘，以提高发射效率和方向性。接收器在共振盘上还增加了一只阻抗匹配器，以滤除噪声，提高接收效率。空气传导的超声发射器和接收器的有效工作范围可达几米至几十米。

空气传导型超声发生器、接收器结构示意如图5-39所示。

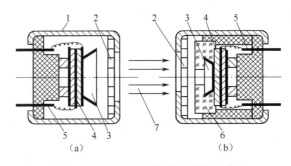

图 5-39　空气传导型超声波探头示意图

（a）超声发生器；（b）超声接收器

1—外壳；2—金属丝网罩；3—锥形共振盘；4—压电晶片；5—引脚；6—阻抗匹配器；7—超声波束

**4. 超声波传感器的应用**

1）超声波测厚

超声波测厚常用脉冲回波法，如图5-40所示。超声波探头与被测物体表面接触，主控制器产生一定频率的脉冲信号，送往发射电路，经电流放大后激励压电式探头，以产生重复的超声波脉冲。脉冲波传到被测工件另一面被反射回来，被同一探头接收。如果超声波在工件中的声速 $v$ 是已知的，设工件厚度为 $\delta$，脉冲波从发射到接收的时间间隔 $t$ 可以测量，因此可求出工件厚度为

$$\delta = vt/2$$

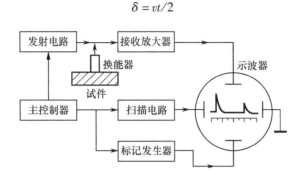

图 5 – 40　脉冲回波法测厚

从显示器上直接观察发射和回波反射脉冲，并求出时间间隔 $t$。当然也可用稳频晶振产生的时间标准信号来测量时间间隔 $t$，从而做成厚度数字显示仪表。

2）超声波物位传感器

超声波物位传感器是利用超声波在两种介质的分界面上的反射特性而制成的。只要测得超声波脉冲从发射到接收的间隔时间，便可以求得待测的物位，超声波物位传感器具有精度高、使用寿命长的特点，但若液体中有气泡或液面发生波动，便会有较大的误差。在一般使用条件下，它的测量误差为 ± 0.1%，检测物位的范围为 $10^2 \sim 10^4$ m。

## 四、任务实施

利用超声波传感器、单片机、电阻等器件进行倒车雷达系统的设计。

倒车雷达只需要在汽车倒车时工作，为驾驶员提供汽车后方的信息。由于倒车时汽车的行驶速度较慢，和声速相比可以认为汽车是静止的，因此在系统中可以忽略多普勒效应的影响。在许多测距方法中，脉冲测距法只需要测量超声波在测量点与目标间的往返时间。如图 5 – 41 所示，驾驶员将手柄转到倒车挡后，系统自动启动，超声波发送模块向后发射 40 kHz 的超声波信号，经障碍物反射，由超声波接收模块收集，进行放大和比较，单片机 AT89C2051 将此信号送入显示模块，同时触发语音电路，发出同步语音提示，当与障碍物距离小于 1 m、0.5 m、0.25 m 时，发出不同的报警声，提醒驾驶员停车。

**1. 超声波发送模块设计**

超声波发送器包括超声波产生电路和超声波发射控制电路两个部分，超声波探头（又称"超声波换能器"）选用 CSB40T，可采用软件发生法和硬件发生法产生超声波。前者利用软件产生 40 kHz 的超声波信号，通过输出引脚输入至驱动器，经驱动器驱动后推动探头产生超声波。这种方法的特点是充分利用软件，灵活性好，但需要设计一

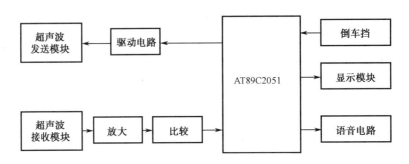

图 5-41　倒车雷达设计原理

个驱动电流在 100 mA 以上的驱动电路。第二种方法是利用超声波专用发生电路或通用发生电路产生超声波信号，并直接驱动换能器产生超声波。这种方法的优点是无须驱动电路，但缺乏灵活性。

电路设计如图 5-42 所示。40 kHz 的超声波是利用 555 时基电路振荡产生的。其振荡频率计算式为 $f = 1.43/[(R_9 + 2 \cdot R_{10}) \cdot C_5]$。将 $R_{10}$ 设计为可调电阻的目的是为了调节信号频率，使之与换能器的 40 kHz 固有频率一致。为保证 555 时基具有足够的驱动能力，宜采用 +12 V 电源。CNT 为超声波发射控制信号，由单片机进行控制。

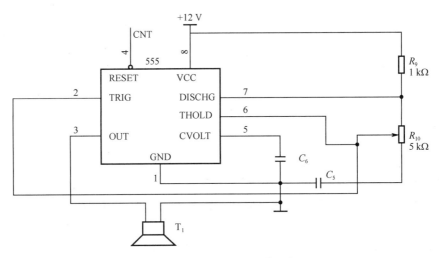

图 5-42　超声波发送模块电路

### 2. 超声波接收模块设计

超声波接收器包括超声波接收探头、信号放大电路及波形变换电路 3 部分。超声波接收探头必须采用与发射探头对应的型号，关键是频率要一致，采用 CSB40R，否则将因无法产生共振而影响接收效果，甚至无法接收。由于经探头变换后的正弦波电信号非常弱，因此必须经放大电路放大。正弦波信号不能直接被单片机接收，必须进行波形变换。按照上面所讨论的原理，单片机需要的只是第一个回波的时刻。接收电路的设计可采用专用接收电路，也可采用通用电路来实现，如图 5-43 所示。

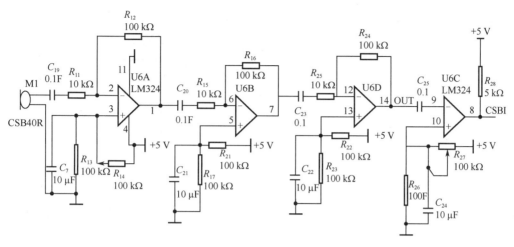

图 5-43 超声波接收模块电路

超声波在空气中传播时，其能量的衰减与距离成正比，即距离越近信号越强，距离越远信号越弱，通常在 1 mV ~ 1 V。当然，不同接收探头的输出信号强度存在差异。由于输入信号的范围较大，对放大电路的增益提出了两个要求：一是放大增益要大，以适应小信号时的需要；二是放大增益要能变化，以适应信号变化范围大的需要。另外，由于输入信号为正弦波，因此必须将放大电路设计成交流放大电路。为减少负电源的使用，放大电路采用单电源供电，信号放大和变换采用了一片 LM324 通用运算放大器，前 3 级为放大器设计，后一级为比较器设计。LM324 既可以双电源工作，也可以单电源工作，因此能满足使用要求。为满足交流信号的需要，每一级的放大器均采用阻容电路进行电平偏移，图 5-43 中的 $C_7$、$C_{21}$、$C_{22}$ 和 $C_{24}$，容量均为 10 μF，实现单电源条件下交流信号的放大。对于交流信号而言，电容为短路，因此前 3 级放大电路的增益均为 10。距离较近时，两级放大的增益已能够输出足够强度的信号了，第三级有可能出现信号饱和，但距离较远时，必须采用 3 级放大。合理调节电位器 $R_{27}$，选择比较基准电压，可使测量更加准确和稳定。

**3. 语音电路设计**

语音报警是指当倒车雷达探测到的距离小于所设定的安全值时，发出声音提醒驾驶员，语音电路设计如图 5-44 所示。M3720 是单声一闪灯报警音效集成电路，芯片内存储一种报警音效，可直接驱动蜂鸣器发声或经外接功放三极管推动扬声器放音，同时还能驱动一只 LED 闪烁。该芯片各引脚功能为：5 脚为 $V_{DD}$，$V_{DD}$ 电压为 3 ~ 3.5 V；1 脚为 $V_{SS}$，分别为电源输入端与负端；8 脚 X 和 1 脚 Y 分别接芯片外接振荡电阻器；6 脚 TG 为触发控制端，低电平触发有效；3 脚 BZ 和 2 脚 BB 分别为报警音效输出端，可直接外接压电陶瓷蜂鸣器，如果驱动扬声器则由 3 脚 BZ 端引出；4 脚 L 为闪灯输出端，可直接驱动 LED 发光。

## 五、任务练习题

（1）超声波有哪些传播特性？

（2）超声波传感器的工作原理是什么？

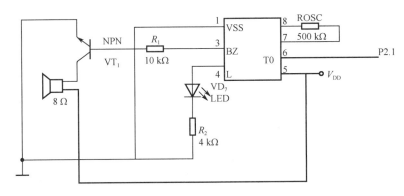

图 5－44　语音电路设计

# 任务四　电感传感器的应用

## 一、任务描述

利用电感传感器完成微小位移测量功能。

## 二、任务目标

（1）掌握电感传感器的测量电路。

（2）学会电感接近开关的设计方法与应用电路。

（3）了解电感传感器的应用。

## 三、知识链接

根据法拉第电磁感应定律，当穿过闭合电路的磁通量发生变化时，就会产生感应电动势，这种现象叫电磁感应。电磁感应现象是电磁学中最重大的发现之一，它显示了电、磁现象之间的相互联系和转化，对其本质的深入研究所揭示的电、磁场之间的联系，对麦克斯韦电磁场理论的建立具有重大意义。电磁感应现象在电工技术、电子技术以及电磁测量等方面都有广泛的应用。

电感传感器是利用电磁感应原理，将被测的非电量的变化转换成线圈电感（或互感）的变化。该传感器具有结构简单、工作可靠、测量精度高、零点核定、无须外电源和输出功率较大等一系列优点。其主要缺点是灵敏度、线性度和测量范围相互制约，传感器自身频率响应低，不适用于快速动态测量。

电感传感器按转换原理的不同可分为自感式（电感式）和互感式（差动变压器式）两大类。按原理还可以分为自感式、差动变压器式、电涡流式。

### 1. 自感式电感传感器

1）自感式电感传感器的工作原理

自感式（变磁阻式）电感传感器由线圈、铁芯和衔铁三部分组成。铁芯和衔铁由导磁性材料制成，其结构如图 5 – 45 所示。在铁芯和衔铁之间有气隙，气隙厚度为 $\delta$，传感器的运动部分与衔铁相连。当衔铁移动时，气隙厚度 $\delta$ 发生改变，引起磁路中磁阻变化，从而导致电感线圈的电感值变化，因此只要能测出这种电感量的变化，就能确定衔铁位移量的大小和方向。

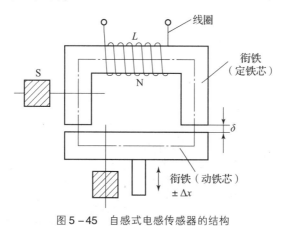

图 5 – 45　自感式电感传感器的结构

线圈中电感量的定义为

$$L = \frac{\psi}{I} = \frac{N\Phi}{I} \tag{5 – 18}$$

式中，$\psi$ 为线圈总磁链；$I$ 为通过线圈的电流；$N$ 为线圈的匝数；$\Phi$ 为穿过线圈的磁通。

根据磁路欧姆定律：

$$\Phi = \frac{IN}{R_m} \tag{5 – 19}$$

式中，$R_m$ 为磁路总磁阻。因为气隙很小，可以认为气隙中的磁场是均匀的。若忽略磁路磁损，则磁路总磁阻为

$$R_m = \frac{L_1}{\mu_1 A_1} + \frac{L_2}{\mu_2 A_2} + \frac{2\delta}{\mu_0 A_0} \tag{5 – 20}$$

式中，$\mu_0$、$\mu_1$、$\mu_2$ 分别为空气、铁芯、衔铁的磁导率；$L_1$、$L_2$ 分别为磁通通过铁芯和衔铁中心线的长度；$A_1$、$A_2$、$A_3$ 分别为气隙、铁芯、衔铁的截面积。

通常气隙磁阻远大于铁芯和衔铁的磁阻，即

$$\left.\begin{array}{l} \dfrac{2\delta}{\mu_0 A_0} \gg \dfrac{L_1}{\mu_1 A_1} \\[3mm] \dfrac{2\delta}{\mu_0 A_0} \gg \dfrac{L_2}{\mu_2 A_2} \end{array}\right\} \tag{5 – 21}$$

则式（5 – 20）可写为

$$R_m = \frac{2\delta}{\mu_0 A_0} \tag{5 – 22}$$

联立式（5 – 20）、式（5 – 22）及式（5 – 18），可得

$$L = \frac{N^2}{R_m} = \frac{N^2 \mu_0 A_0}{2\delta} \tag{5 – 23}$$

上式表明：当线圈匝数为常数时，电感 $L$ 仅仅是磁路中磁阻 $R_m$ 的函数，改变 $\delta$ 或

$A_0$ 均可导致电感变化，因此自感式电感传感器又可分为变气隙厚度式、变截面积式和螺线管式等，其中使用最广泛的是变气隙厚度式自感传感器。

（1）变气隙厚度式自感传感器。

变气隙厚度式自感传感器如图 5-46（a）所示，由式（5-23）可知，在线圈匝数 $N$ 确定后，保持气隙截面积 $A_0$ 不变，则电感 $L$ 与气隙厚度 $\delta$ 成反比，输入输出为非线性。为了保证一定的线性度，变气隙厚度式自感传感器只能工作在一段很小的区域，因而只能用于微小位移的测量。

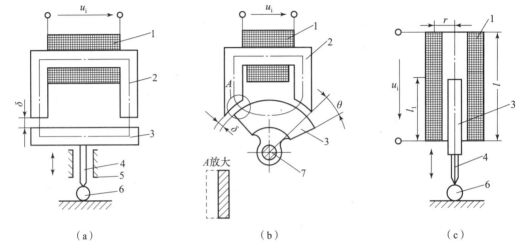

图 5-46　自感式电感传感器的种类

（a）变气隙厚度式；（b）变截面积式；（c）螺线管式

1—线圈；2—铁芯；3—衔铁；4—测杆；5—导轨；6—工件；7—转轴

（2）变截面积式自感传感器。

变截面积式自感传感器如图 5-46（b）所示，由式（5-23）可知，在线圈匝数 $N$ 确定后，保持气隙厚度 $\delta$ 不变，则电感 $L$ 与气隙截面积 $A_0$ 成正比，输入输出呈线性关系。但是，由于漏感等因素，变截面积式自感传感器在 $A_0$ 为 0 时，仍有较大的电感，所以其线性区较小，且灵敏度较低。

（3）螺线管式自感传感器。

螺线管式自感传感器如图 5-46（c）所示，主要元件是一个螺线管和一根衔铁，传感器工作时，衔铁在线圈中深入的长度的变化将引起螺线管电感量的变化。对于长螺线管（$l \gg r$），当衔铁工作在螺线管的中部时，可以认为线圈内磁场强度是均匀的，此时，线圈电感量 $L$ 与衔铁插入深度 $h$ 大致成正比。这种传感器结构简单，但灵敏度稍低，适用于测量稍微大一点的位移。

（4）差动式电感传感器。

在实际使用中，为了减小非线性误差，提高传感器的灵敏度，常采用差动形式，其结构如图 5-47 所示，两个完全相同的、单个线圈的电感传感器共用一根活动衔铁就构成了差动式电感传感器，它要求两个导磁体的几何尺寸完全相同，材料性能也完全相同，两个线圈的电气参数和几何尺寸也完全相同。

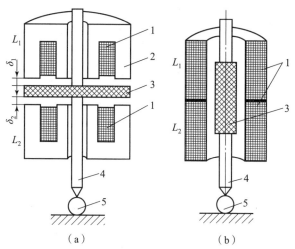

图 5 – 47 差动式电感传感器

1—差动线圈；2—铁芯；3—衔铁；4—测杆；5—工件

在差动式电感传感器中，当衔铁随被测量移动而偏离中间位置时，两个线圈的电感量一个增加，一个减小，形成差动形式。差动式电感传感器的特性曲线如图 5 – 48 所示，从结构图可以看出，差动式电感传感器的线性较好，且输出曲线较陡，灵敏度约为非差动式电感传感器的两倍。

2）自感式电感传感器的测量电路

自感式电感传感器的测量转换电路的作用是将电感量的变化转换成电压或电流的变化，以便用仪表指示出来，常用的测量电路有交流电桥式、变压器式交流电桥以及谐振式等。

（1）交流电桥式测量电路。

交流电桥式测量电路如图 5 – 49 所示，传感器的两个线圈作为电桥的两个桥臂 $Z_1$ 和 $Z_2$，另外两个桥臂用纯电阻代替，当衔铁处于初始平衡位置时，两线圈电感相等，感抗也相等，当衔铁上移时，设有

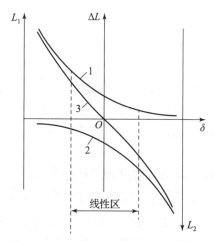

图 5 – 48 差动式与单圈式传感器的特性

1—上线圈特性；2—下线圈特性；3—差动式特性

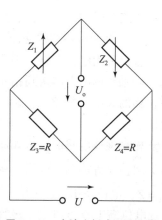

图 5 – 49 交流电桥式测量电路

$$Z_1 = Z + \Delta Z_1 \tag{5-24}$$

$$Z_2 = Z - \Delta Z_2 \tag{5-25}$$

$$\Delta Z_1 \approx j\omega \Delta L_1$$

$$\Delta Z_2 \approx j\omega \Delta L_2 \tag{5-26}$$

此时，电桥输出电压为

$$\dot{U}_o = \dot{U} \cdot \left[ \frac{Z_2}{Z_1 + Z_2} - \frac{R}{R + R} \right] = \dot{U} \cdot \frac{Z_2 - Z_1}{2(Z_1 + Z_2)} = -\dot{U} \cdot \frac{\Delta Z_1 + \Delta Z_2}{2(Z_1 + Z_2)} \tag{5-27}$$

对于差动结构，$\Delta L_1 = \Delta L_2$，$\Delta Z_1 = \Delta Z_2$，所以电桥输出电压与气隙厚度 $\Delta \delta$ 成正比。

$$\dot{U}_o = -\dot{U} \cdot \frac{\Delta \delta}{\delta_0} \tag{5-28}$$

反之，当衔铁下移时，$Z_1$、$Z_2$ 的变化方向相反，可得

$$\dot{U}_o = \dot{U} \cdot \frac{\Delta \delta}{\delta_0} \tag{5-29}$$

（2）变压器式交流电桥。

变压器式交流电桥的结构如图 5-50 所示，电桥两臂 $Z_1$、$Z_2$ 为传感器线圈阻抗，另外两桥臂为交流变压器次级线圈的 1/2 阻抗。当负载阻抗为无穷大时，桥路输出电压为

$$\dot{U}_o = \frac{Z_2}{Z_1 + Z_2}\dot{U} - \frac{1}{2}\dot{U} = \frac{Z_2 - Z_1}{Z_1 + Z_2}\frac{\dot{U}}{2} \tag{5-30}$$

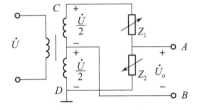

图 5-50　变压器式交流电桥

当传感器的衔铁处于中间位置，即 $Z_1 = Z_2 = Z$，此时有 $\dot{U}_o = 0$，电桥平衡。

当传感器衔铁上移，如 $Z_1 = Z + \Delta Z$，$Z_2 = Z - \Delta Z$，此时

$$\dot{U}_o = -\frac{\Delta Z}{Z}\frac{\dot{U}}{2} = -\frac{\Delta L}{L_0}\frac{\dot{U}}{2} \tag{5-31}$$

当传感器衔铁下移，如 $Z_1 = Z - \Delta Z$，$Z_2 = Z + \Delta Z$，此时

$$\dot{U}_o = \frac{\Delta Z}{Z}\frac{\dot{U}}{2} = \frac{\Delta L}{L_0}\frac{\dot{U}}{2} \tag{5-32}$$

衔铁上下移动相同距离时，输出电压相位相反，大小随衔铁的位移而变化。由于 $\dot{U}$ 是交流电压，输出指示无法判断位移方向，必须配合相敏检波电路来解决。

（3）带相敏检波的交流电桥。

若仅采用电桥电路，则只能判别位移的大小，却无法判别输出的相位和位移的方向。如果在输出电压送到指示仪前，经过一个能判别相位的检波电路，则不但可以反映位移的大小（幅值），还可以反映位移的方向（相位）。这种检波电路称为相敏检波电路。

相敏检波电路的结构如图 5-51 所示。$Z_1$、$Z_2$ 为传感器两线圈的阻抗，另两个桥臂为阻值相等的两个电阻，$\dot{U}_i$ 为供桥电压，$\dot{U}_o$ 为输出。当衔铁处于中间位置时，$Z_1 = Z_2 = Z$，电桥平衡，$U_o = 0$。若衔铁上移，$Z_1$ 增大，$Z_2$ 减小，如 $\dot{U}_i$ 电压为正半周，即 $A$ 点电位高于 $D$ 点时，二极管 $VD_1$、$VD_4$ 导通，$VD_2$、$VD_3$ 截止，$B$ 点电位由于 $Z_1$ 增大而降低，$C$ 点电位由于 $Z_2$ 减小而增高。因此 $B$ 点电位高于 $C$ 点电位，输出信号为正；

如 $\dot{U}_i$ 电压为负半周，即 $D$ 点电位高于 $A$ 点时，二极管 $VD_2$、$VD_3$ 导通，$VD_1$、$VD_4$ 截止，$C$ 点电位由于 $Z_1$ 增大而降低，$B$ 点电位由于 $Z_2$ 减小而增高。因此 $B$ 点电位高于 $C$ 点电位，输出信号为正。同理可以证明，衔铁下移时输出信号总为负。于是，输出信号的正负代表了衔铁位移的方向。

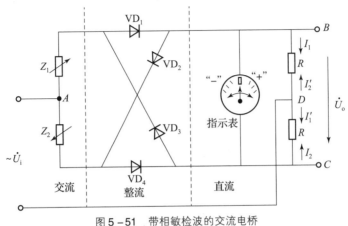

图 5 – 51　带相敏检波的交流电桥
(a) 非相敏检波；(b) 相敏检波

测量电桥引入相敏整流后，其输出特性曲线如图 5 – 52 所示，输出特性曲线通过零点，输出电压的极性随位移方向而发生变化，同时消除了零点残余电压，增加了线性度。

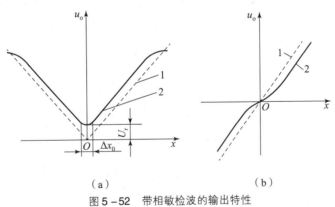

(a)　　　　　　　　　　(b)

图 5 – 52　带相敏检波的输出特性
1—理想特性曲线；2—实际特性曲线

(4) 谐振式测量电路。

谐振式测量电路有谐振式调幅电路和谐振式调频电路两种。

谐振式调幅电路如图 5 – 53 (a) 所示，其中 $L$ 表示自感式电感传感器的电感，它与电容 $C$ 和变压器一次绕组串联在一起，接入交流电源，其输出电压与电感 $L$ 的关系如图 5 – 53 (b) 所示，此电路灵敏度很高，但线性差，适用于线性度要求不高的场合。

谐振式调频电路如图 5 – 54 (a) 所示，自感式电感传感器的电感 $L$ 的变化将引起输出电压的频率发生变化，其特性曲线如图 5 – 54 (b) 所示，$f$ 与 $L$ 是非线性关系，且有

$$f = 1/(2\pi\sqrt{LC}) \tag{5 – 33}$$

当 $L$ 改变时，频率随之改变，根据频率的大小可以确定被测量的值。

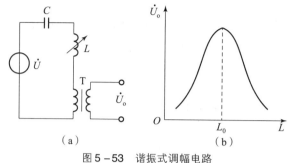

图 5 - 53　谐振式调幅电路

（a）谐振式调幅电路；（b）输出特性

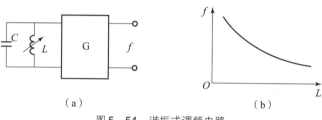

图 5 - 54　谐振式调频电路

（a）谐振式调频电路；（b）输出特性

3）自感式电感传感器的应用

自感式电感传感器可以用于测量位移和尺寸，也可以测量能够转换为位移量的其他参数，如力、张力、压力、压差、应变、速度和加速度等。如图 5 - 55 所示为变气隙式电感压力传感器，它的工作原理是当压力进入膜盒时，膜盒的顶端在压力 P 的作用下产生与压力 P 大小成正比的位移，于是衔铁也发生移动，从而使气隙发生变化，流过线圈的电流也发生相应的变化，电流表 A 的指示值就反映了被测压力的大小。

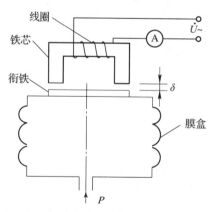

图 5 - 55　变气隙式电感压力传感器

如图 5 - 56 所示为电感测厚仪，它采用差动结构，其测量电路为带相敏整流的交流电桥。当被测物体的厚度发生变化时，引起测杆上下移动，带动可动铁芯产生位移，从而改变了气隙的厚度，使线圈的电感量发生相应的变化。此电感变化量经过带相敏整流的交流电桥测量后，送测量仪表显示，其大小与被测物的厚度成正比。

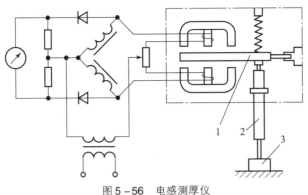

图 5 – 56　电感测厚仪

1—可动铁芯；2—测杆；3—被测物体

### 2. 差动变压器式电感传感器

电源中用到的单相变压器有一个一次线圈（又称为初级线圈），有若干个二次线圈（又称次级线圈）。当一次线圈加上交流激磁电压 $\dot{U}_i$ 后，将在二次线圈中产生感应电压 $\dot{U}_o$。在全波整流电路中，两个二次线圈串联，总电压等于两个二次线圈的电压之和。但是，若将其中一个二次项圈的同名端对调后再串联，就会发现总电压互相抵消，这种接法称为差动接法。若果将变压器的铁芯做成活动的，并对结构加以改造，就可以制成用于检测非电量的差动变压器式传感器，简称差动变压器。

差动变压器就是把被测的非电量变化转换为线圈互感变化的传感器，差动变压器的结构形式有变隙式、变面积式和螺线管式等。在非电量测量中，应用最多的是螺线管式差动变压器，它可以测量 1~100 mm 机械位移，并具有测量精度高、灵敏度高、结构简单、性能可靠等优点。

1）差动变压器式电感传感器的工作原理

差动变压器的结构原理如图 5 – 57 所示。它主要由绕组、活动衔铁和导磁外壳组成，在线框上绕有一组输入线圈（称一次线圈）；在同一线框的上端和下端再绕制两组完全对称的线圈（称二次线圈），它们反向串联，组成差动输出形式。理想差动变压器的原理如图 5 – 58 所示。图中标有黑点的一端称为同名端，通俗说法是指线圈的"头"。

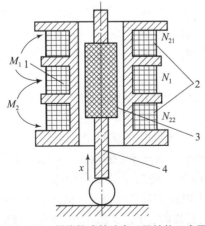

图 5 – 57　螺线管式差动变压器结构示意图

1——次绕组；2—二次绕组；3—衔铁；4—测杆

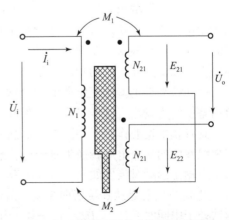

图 5 – 58　螺线管式差动变压器原理图

165

当一次绕组加入交流励磁电源后，由于存在互感量 $M_1$ 和 $M_2$，其二次绕组 $N_{21}$ 和 $N_{22}$ 产生感应电动势 $E_{21}$ 和 $E_{22}$，其大小与互感量成正比，由于 $N_{21}$ 和 $N_{22}$ 反向串联，所以二次绕组空载时的输出电压 $U_o$ 为 $E_{21}$ 和 $E_{22}$ 之差。当衔铁处在中间位置时由于 $M_1 = M_2$，所以 $E_{21} = E_{22}$，输出 $U_o$ 为 0，当衔铁向上移动时，$M_1 > M_2$，所以 $E_{21} > E_{22}$，输出 $U_o$ 不再为 0，同理当衔铁向下移动时，差动变压器的输出也不再为 0。

差动变压器的输出特性如图 5-59 所示，由于在一定的范围内，互感的变化 $\Delta M$ 与位移 $x$ 成正比，所以输出电压的变化与位移的变化成正比。实际上，当衔铁位于中心位置时，差动变压器的输出电压并不等于零，通常把差动变压器在零位移时的输出电压称为零点残余电压（如图 5-59 所示的 $\Delta e$）。它的存在使传感器的输出特性曲线不过零点，造成实际特性与理论特性不完全一致。

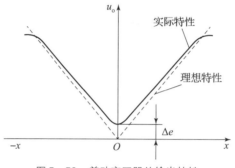

图 5-59　差动变压器的输出特性

减小零点残余的方法：

（1）尽可能保证传感器几何尺寸、线圈电气参数和磁路的对称。磁性材料要经过处理，消除内部的残余应力，使其性能均匀稳定。

（2）选用合适的测量电路，如采用相敏整流电路。这样既可判别衔铁移动方向又可改善输出特性，减小零点残余电动势。

（3）采用补偿线路减小零点残余电动势在差动变压器二次侧串、并联适当数值的电阻电容元件，当调整这些元件时，可使零点残余电动势减小。

2）差动变压器式电感传感器的测量电路

差动变压器输出的是交流电压，若用交流电压表测量，只能反映衔铁位移的大小，而不能反映移动方向。另外，其测量值中将包含零点残余电压。为了达到能辨别移动方向及消除零点残余电动势的目的，实际测量时，常常采用差动整流电路和相敏检波电路。下面主要介绍差动整流电路。

差动整流是把差动变压器的两个次级输出电压分别整流，然后将整流的电压或电流的差值作为输出，这样二次电压的相位和零点残余电压都不必考虑。差动整流电路同样具有相敏检波作用，如图 5-60 所示，图中的两组（或两个）整流二极管分别将二次线圈中的交流电压转换为直流电，然后相加。以图 5-60（b）为例，无论两个二次绕组输出的瞬时极性如何，流经电容 $C_1$ 的电流方向总是从 2 端指向 4 端，流经电容 $C_2$ 的电流方向总是从 6 端指向 8 端，所以整流电路的输出电压 $U_o$ 总是为 $U_{24} - U_{68}$，当衔铁处于中间时，$U_{24} = U_{68}$，$U_o = 0$，当衔铁上移时，$U_{24} > U_{68}$，$U_o > 0$，当衔铁下移时，$U_{24} < U_{68}$，$U_o < 0$，根据 $U_o$ 的大小可以判断铁芯移动的大小和方向。

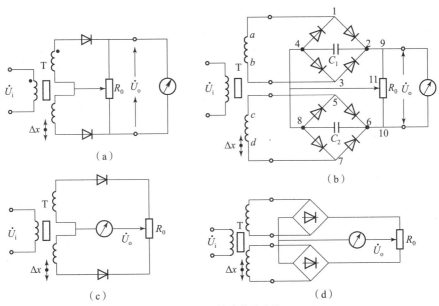

图 5-60　差动整流电路

（a）半波电压输出；（b）全波电压输出；（c）半波电流输出；（d）全波电流输出

由于这种测量电路结构简单，不需要考虑相位调整和零点残余电压的影响，且具有分布电容小和便于远距离传输等优点，因而获得广泛的应用。但是，二极管的非线性影响比较严重，而且二极管的正向饱和压降和反向漏电流对性能也会产生不利影响，只能在要求不高的场合下使用。

3）差动变压器式电感传感器的应用

差动变压器不仅可以直接用于位移测量，而且还可以测量与位移有关的任何机械量，如振动、加速度、应变、压力、张力、比重和厚度等。

图 5-61（a）所示为振动传感器结构图，衔铁受振动和加速度的作用，使弹簧受力变形，与弹簧连接的衔铁的位移大小反映了振动的幅度和频率以及加速度的大小。

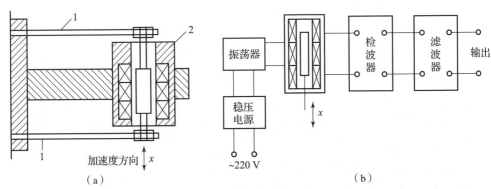

图 5-61　振动传感器及测量电路

（a）振动传感器结构示意图；（b）测量电路

1—弹性支撑；2—差动变压器

图 5-62 所示为差动变压器式加速度传感器，由悬臂梁和差动变压器构成。测量时，将悬臂梁底座及差动变压器的线圈骨架固定，而将衔铁的 $A$ 端与被测振动体相连，

此时传感器作为加速度测量中的惯性元件，它的位移与被测加速度成正比，使加速度测量转变为位移的测量。当被测体带动衔铁以 $\Delta x(t)$ 振动时，导致差动变压器的输出电压也按相同规律变化。

### 3. 电涡流式电感传感器

根据法拉第电磁感应原理，块状金属导体置于变化的磁场中或在磁场中作切割磁力线运动时，导体内将产生感应电动势，该电动势在导体表面形成电流并自行闭合，似水中的旋涡，因此此电流叫电涡流，这种现象称为电涡流效应。

根据电涡流效应制成的电感传感器称为电涡流式电感传感器。电涡流式电感传感器最大的特点是能对

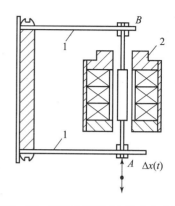

图 5 - 62　差动变压器式加速度传感器
1—悬臂梁；2—差动变压器

位移、厚度、表面温度、速度、应力、材料损伤等进行非接触式连续测量，另外还具有体积小、灵敏度高、频率响应宽等特点，应用极其广泛。

1）电涡流式电感传感器的工作原理

电涡流式电感传感器的结构如图 5 - 63 所示，有一通以交变电流的传感器线圈，由于电流的存在，线圈周围就产生一个交变磁场 $H_1$。若被测导体置于该磁场范围内，导体内便产生电涡流，也将产生一个新磁场 $H_2$，$H_2$ 与 $H_1$ 方向相反，力图削弱原磁场 $H_1$，从而导致线圈的电感、阻抗和品质因数发生变化。这些参数变化与导体的几何形状、电导率、磁导率、线圈的几何参数、电流的频率以及线圈到被测导体间的距离有关。如果控制上述参数中一个参数改变，余者皆不变，就能构成测量该参数的传感器。

为分析方便，将被测导体上形成的电涡流等效为一个短路环中的电流。这样，线圈与被测导体便等效为相互耦合的两个线圈，如图 5 - 64 所示。

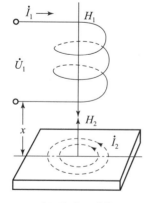

图 5 - 63　电涡流式电感传感器原理图

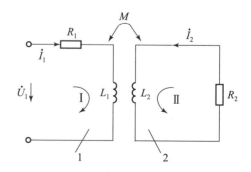

图 5 - 64　电涡流式电感传感器的等效电路
1—传感器线圈；2—电涡流短路环

2）电涡流式电感传感器的类型

电涡流在金属导体内的渗透深度与传感器线圈的激励信号频率有关，故电涡流式

电感传感器可分为高频反射式和低频透射式两类。目前高频反射式电涡流电感传感器应用较广泛。

（1）高频反射式电涡流电感传感器。

当高频（>100 kHz 左右）电压施加到电感线圈时，将产生高频磁场。如被测金属导体置于该交变磁场范围之内时，被测导体就产生电涡流，电涡流在金属导体的纵深方向并不是均匀分布的，而只集中在金属导体的表面，这称为集肤效应（也称趋肤效应）。频率越高，电涡流渗透的深度就越浅，集肤效应越严重。

高频激励电流产生的高频磁场作用于金属板的表面，由于集肤效应，在金属板表面将形成涡电流。与此同时，该涡流产生的交变磁场又反作用于线圈，引起线圈自感 $L$ 或阻抗 $Z_L$ 的变化。线圈自感 $L$ 或阻抗 $Z_L$ 的变化与金属板距离 $h$、金属板的电阻率 $\rho$、磁导率 $\mu$、激励电流 $i$ 及角频率 $\omega$ 等有关，若只改变距离 $h$ 而保持其他参数不变，则可将位移的变化转换为线圈自感的变化，通过测量电路转换为电压输出。高频反射式电涡流电感传感器如图 5-65 所示，多用于位移测量。

（2）低频透射式电涡流电感传感器。

低频透射式电涡流电感传感器的结构如图 5-66 所示，这种传感器采用低频激励，因而有较大的贯穿深度，适合于测量金属材料的厚度。在被测金属的上方设有激励线圈 $L_1$，在被测金属的下方设有接收线圈 $L_2$。当在 $L_1$ 上施加低频电压 $\dot{U}_1$ 时，则 $L_1$ 产生交变磁通，若两线圈之间没有金属板，则交变磁通直接耦合到 $L_2$ 中，$L_2$ 中产生感生电压 $\dot{U}_2$（$\dot{U}_2$ 的幅值与耦合系数有关）。如果在两线圈之间插入被测金属板，则 $L_1$ 产生的磁通将在金属板中产生电涡流，此时磁通能量受到损耗，到达 $L_2$ 的磁通将衰减，而使 $L_2$ 产生的感应电压 $\dot{U}_2$ 的幅值下降。金属板越厚，涡流损耗就越大，$\dot{U}_2$ 的幅值就越小。因此，可以根据 $\dot{U}_2$ 的幅值大小得知金属板的厚度。

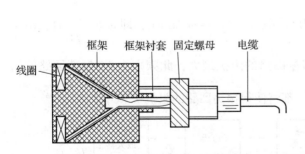

图 5-65　高频反射式电涡流电感传感器

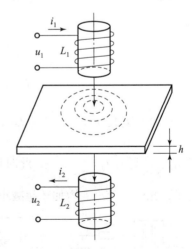

图 5-66　低频透射式电涡流电感传感器

利用测厚原理同样可以进行金属表面镀层测量。通过先测量被镀前金属体的电涡流透射电压值，再测量被镀后金属体的电涡流透射电压值，即可测出镀层的厚度。如果金属体表面或内部存在如砂眼、裂痕、杂质、疲劳等缺陷，则同样影响耦合后接收探头产生的感应电压幅值。

3）电涡流式电感传感器的测量电路

电涡流式电感传感器的测量电路主要有调频式、调幅式电路两种。

（1）调频式电路。

调频式电路结构如图 5 - 67 所示，传感器线圈接入 $LC$ 振荡回路，当传感器与被测导体距离 $x$ 改变时，在涡流影响下，传感器的电感变化，将导致振荡频率的变化，该变化的频率是距离 $x$ 的函数，即 $f = L(x)$，该频率可由数字频率计直接测量，或者通过 $f - V$ 变换，用数字电压表测量对应的电压。振荡器的频率为

$$f = \frac{1}{2\pi\sqrt{LC}} \tag{5-34}$$

为了避免输出电缆的分布电容的影响，通常将 $L$、$C$ 装在传感器内。此时电缆分布电容并联在大电容 $C_2$、$C_3$ 上，因而对振荡频率 $f$ 的影响将大大减小。

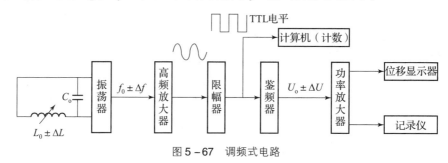

图 5 - 67 调频式电路

（2）调幅式电路。

调幅式电路结构如图 5 - 68 所示，由传感器线圈 $L$、电容器 $C$ 和石英晶体组成。石英晶体振荡器起恒流源的作用，给谐振回路提供一个频率（$f_0$）稳定的激励电流 $i_0$，$LC$ 回路的阻抗为

$$Z = \mathrm{j}\omega L // \frac{1}{\mathrm{j}\omega C} = \frac{\mathrm{j}\omega L}{1 - \omega^2 LC} \tag{5-35}$$

$$U_0 = i_0 \cdot Z = i_0 \cdot \frac{\mathrm{j}\omega L}{1 - \omega^2 LC} \tag{5-36}$$

式中，$\omega$ 为石英振荡频率；$Z$ 为 $LC$ 回路的阻抗。当 $1 - \omega^2 LC = 0$，即 $\omega = \frac{1}{\sqrt{LC}}$ 时，由于 $\omega = 2\pi f_0$，所以有 $f_0 = \frac{1}{2\pi\sqrt{LC}}$，此时谐振回路的阻抗最大，此频率为 $LC$ 振荡回路的谐振频率。此外，无论 $L$ 增加还是减小，都将使得振荡回路的阻抗 $Z$ 减小。

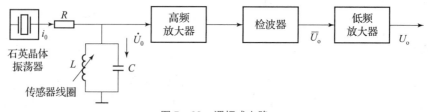

图 5 - 68 调幅式电路

当金属导体与传感器的相对位置为某一确定的值时，$LC$ 回路的谐振频率恰好为激励频率 $f_0$，此时回路呈现最大阻抗，谐振回路上的输出电压也最大；当金属导体靠近或远离传感器线圈时，线圈的等效电感 $L$ 发生变化，导致回路失谐，从而使输出电压降低，$L$ 的数值随距离 $x$ 的变化而变化。因此，输出电压也随 $x$ 而变化。输出电压经放大、检波后，由指示仪表直接显示出 $x$ 的大小。

4）电涡流式电感传感器的应用

电涡流式电感传感器的特点是结构简单，易于进行非接触的连续测量，灵敏度较高，适用性强，因此得到了广泛的应用。电涡流式电感传感器可以测量位移、厚度、振幅、振摆、转速等物理量，可以制成接近开关、计数器等，还可以做成测量温度、判别材质等传感器，下面举例介绍。

（1）位移测量。

电涡流式电感传感器的主要用途之一是可用来测量金属件的静态或动态位移，最大量程达数百毫米，分辨率为 $0.1\%$。目前电涡流位移传感器的分辨力最高已做到 $0.05~\mu m$（量程 $0 \sim 15~\mu m$）。凡是可转换为位移量的参数，都可用电涡流式电感传感器测量，如机器转轴的轴向窜动、金属材料的热膨胀系数、钢水液位、纱线张力、流体压力等。

如图 5－69 所示为主轴轴向位移测量原理图，接通电源后，在电涡流探头的有效面（感应工作面）将产生一个交变磁场。当金属物体接近此感应面时，金属表面将吸取电涡流探头中的高频振荡能量，使振荡器的输出幅度线性地衰减，根据衰减量的变化，可计算出与被检物体的距离、振动等参数。这种位移传感器属于非接触测量，工作时不受灰尘等非金属因素的影响，寿命较长，可在各种恶劣条件下使用。

（2）转速测量。

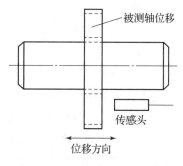

图 5－69 主轴轴向位移测量原理图

如图 5－70 所示为转速测量原理图，在软磁材料制成的输入轴上加工一个键槽（或装上一个齿轮状的零件），在距输入表面 $d_0$ 处设置电涡流式电感传感器，输入轴与被测旋转轴相连。当旋转体转动时，输出轴的距离发生 $d_0 + \Delta d$ 的变化。由于电涡流效应，这种变化将导致振荡谐振回路的品质因数变化，使传感器线圈电感随 $\Delta d$ 的变化也发生变化，它们将直接影响振荡器的电压幅值和振荡频率。因此，随着输入轴的旋转，从振荡器输出的信号中包含有与转数成正比的脉冲频率信号。该信号由检波器检出电压幅值的变化量，然后经整形电路输出脉冲频率信号 $f$，该信号经电路处理便可得到被测转速。

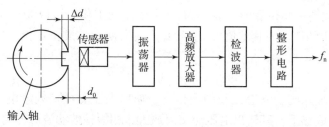

图 5－70 转速测量原理图

（3）接近开关。

接近开关又称无触点行程开关。常用的接近开关有电涡流式（俗称电感接近开关）、电容式、磁性干簧开关、霍尔式、光电式、微波式、超声波式等，它能在一定的距离（几毫米至几十毫米）内检测有无物体靠近。当物体与其接近到设定距离时，就可以发出"动作"信号。接近开关的核心部分是"感辨头"，它对正在接近的物体有很高的感辨能力。

电涡流式接近开关属于一种开关量输出的位置传感器。其原理图如图 5 – 71 所示，它由 $LC$ 高频振荡器和放大处理电路组成，利用金属物体在接近这个能产生交变电磁场的振荡感辨头时，使物体内部产生涡流。这个涡流反作用于接近开关，使接近开关振荡能力衰减，内部电路的参数发生变化，由此识别出有无金属物体接近，进而控制开关的通或断。这种接近开关所能检测的物体必须是导电性能良好的金属物体。

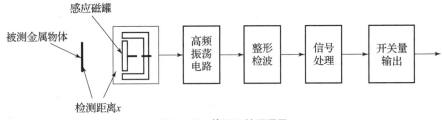

图 5 – 71  接近开关原理图

（4）无损探伤。

电涡流式电感传感器还可以制成无损探伤仪，用于非破坏性探测金属材料的表面裂纹、热处理裂纹以及焊缝裂纹等。探测时，使电涡流式电感传感器与被测体的距离不变，保持平行相对移动，遇有裂纹时，金属的电导率、磁导率发生变化，裂缝处的位移量也将变化，结果引起传感器的等效阻抗发生变化，通过测量电路达到探伤的目的。

## 四、任务实施

利用差动变压器式电感传感器进行微小位移的测量，并进行显示。其简易电路如图 5 – 72 所示。

根据变压器原理：次级线圈感应电动势分别为

$$E_{21} = -j\omega M_1 I_1, \quad E_{22} = -j\omega M_2 I_1$$

输出电动势为

$$E_2 = E_{21} - E_{22} = -j\omega(M_1 - M_2)I_1$$

当衔铁在中间位置时，若两次级线圈及参数磁路尺寸相等，则 $M_1 = M_2 = M$，所以 $E_2 = 0$；当衔铁偏离中间位置时，$M_1 \neq M_2$，由于差动工作，所以 $M_1 = M + \Delta M_1$，$M_2 = M - \Delta M_2$，在一定的范围内其差值（$M_1 - M_2$）与衔铁位移成正比例，在负载开路情况下输出电动势为

$$E_2 = -j\omega(M_1 - M_2)I_1$$

当没有信号输入时，铁芯处于中间位置，输出电压为零点残余电压。当有信号输入时，铁芯移上或移下，其输出电压经交流放大，相敏检波滤波后得到直流输出，可以指示输入位移量的大小和方向。本实验还用示波器读取零点残余电压值和位移量的大小。

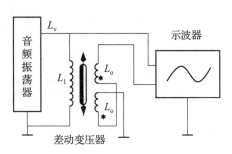

图 5 - 72　微小位移测量简易电路

（1）观察实验台上差动变压器式电感传感器的结构。装上测微头调整，使差动变压器铁芯处于线圈中段位置。

（2）开启主副电源，调整音频振荡器幅度旋扭，利用示波器观察，使音频振荡器输出激励电压峰峰值为 2 V。按图接线，利用示波器观察，并调整测微头，使示波器指示电压逐渐减小至近似为零。

（3）旋转测微头（使示波器读数减小的方向），每隔 0.1 mm 读数（即转过 10 个小格），记录示波器读数，并填入表 5 - 1 中。反复测量三次，求出平均值。作 $U$ - $x$ 曲线，并求出灵敏度。

表 5 - 1　实验数据记录

| $x$/mm | | | | | | | | | |
|---|---|---|---|---|---|---|---|---|---|
| $U$/mV | | | | | | | | | |

**思考：**用测微头调节振动平台位置，使示波器上观察到的差动变压器的输出端信号为最小，这个最小电压称作什么？大小是多少？由于什么原因造成？

## 五、任务练习题

（1）电感传感器的基本原理是什么？可分成几种类型？

（2）电感传感器的常用测量电路有哪些？

（3）电涡流式电感传感器的工作原理是什么？

# 项目六 其他量的检测

## 任务 门控自动照明灯电路的设计与制作

### 一、任务描述

制作门控自动照明灯电路，要求夜间回家打开房门时能启动照明灯，关上房门后，照明灯能持续点亮一段时间再熄灭，白天回家打开房门时照明灯不亮。

### 二、任务目标

（1）掌握磁敏传感器的结构和工作原理。

（2）掌握磁敏传感器的测量电路。

（3）了解磁敏传感器的应用。

（4）能够利用磁敏传感器设计电路。

### 三、知识链接

磁敏传感器，顾名思义就是能感知磁性物体的存在，或在有效范围内能感知物体的磁场强度变化的传感器，从本质上来说，它是基于磁电转换原理的传感器。磁敏传感器包括磁敏电阻、磁敏二极管和磁敏三极管，它们的灵敏度高于霍尔传感器，主要用于微弱磁场的测量，干簧管磁敏传感器又称干簧管继电器，作为一种磁接近开关也得到了广泛应用。

#### 1．磁敏电阻

1）磁阻效应和磁敏电阻

半导体材料的电阻率随磁场强度的增强而变大，这种现象称为磁阻效应，利用磁阻效应制成的元件称为磁敏电阻。磁场引起磁敏电阻的阻值增大有两个原因：一是材料的电阻率随着磁场的强度增强而变大；二是磁场使得电流在器件内部的几何分布发生变化，从而使得物体的等效电阻增大。目前使用的磁敏电阻元件主要是利用后者的原理制作的。磁敏电阻的应用范围比较广，可以利用它制成磁场探测仪、位移和角度检测器、安培计及磁敏交流放大器等。

磁敏电阻与霍尔元件的主要区别是：前者电阻的变化反映磁场的大小，但无法反映磁场的方向，后者以电动势的变化来反映磁场的大小和方向。

常见的磁敏电阻由锑化铟薄片组成，在没有外加磁场时，磁阻元件的电流密度矢量，如图6–1（a）所示。当磁场垂直作用在磁阻元件表面上时，由于霍尔效应，使得电流密度矢量偏移电场方向某个霍尔角 $\theta$，如图6–1（b）所示。这样就使电流所流通的途径变长，元件两端金属电极间的电阻值也就增大了。元件为长方形时，电极间的距离越长，电阻的增长比例就越大，这就是形状效应。正因为这种形状效应，所以在磁阻元件的结构中，大多数把 InSb 切成薄片，然后用光刻的方法插入金属电极和金属边界，相当于多形元件的串联，如图6–2所示。

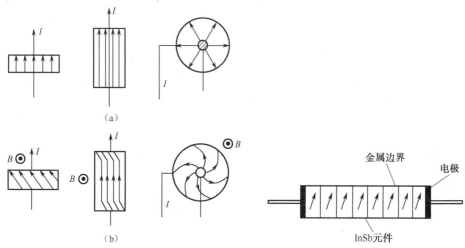

图6–1 磁阻元件工作原理　　　　图6–2 磁阻元件的基本结构

（a）在无磁场时；（b）有磁场作用时

实际上根据用途的不同，磁阻元件可以加工成各种形状和结构。例如，用于角度测量用的磁阻元件是一个衬底上设置两个元件的结构，元件的形状是圆弧状的，未加磁场时，电流呈辐射状，此时电阻最小，当磁场 $B$ 垂直施加到圆盘形磁敏电阻上时，电流沿着 S 形路径从中心电极流向圆环外电极，两电极间的电阻 $R_B$ 比未加磁场时的电阻 $R_0$ 大。

2）磁敏电阻的参数和特性

（1）磁阻特性。

磁敏电阻的电阻比值（$R_B/R_0$）与磁感应强度 $B$ 之间的关系曲线，称为磁敏电阻的磁阻特性曲线，又称 $B$–$R$ 特性，由无磁场时的电阻 $R_0$ 和磁感应强度为 $B$ 时的电阻 $R_B$ 来表示。$R_0$ 随元件的形状不同而异，约为数十欧至数千欧。$R_B$ 随磁感应强度的变化而变化。图6–3和图6–4分别为 InSb 磁阻元件和 NiSb 磁阻元件的 $B$–$R$ 特性曲线。

（2）灵敏度 $K$。

磁阻元件的灵敏度 $K$ 可由式（6–1）表示，即

$$K = R_3/R_0 \qquad\qquad (6-1)$$

式中　$R_3$——当磁感应强度为 0.3 T 时的 $R_B$ 值；

　　　$R_0$——无磁场时的电阻。

一般来说，磁阻元件的灵敏度 $K \geqslant 2.7$。

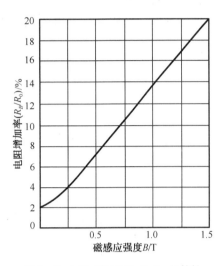

图6-3 InSb磁阻元件的B-R特性

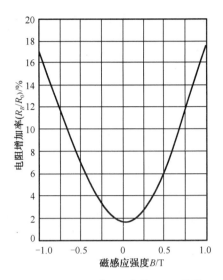

图6-4 NiSb磁阻元件的B-R特性

（3）温度特性。

磁阻元件的温度系数约为-2%/℃，是比较大的。为了补偿磁敏电阻的温度特性，可以采用两个元件串联成对使用，用差动方式工作，电压从中间输出，这样可以大大改善元件的温度特性，如图6-5所示。

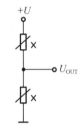

图6-5 改善温度特性的电路

3）磁敏电阻的应用

磁敏电阻的应用非常广泛，除了可以用来做成探头，配上简单线路可以探测各种磁场外，还可以在位移检测器、角度检测器、交流变换器、频率变换器、功率电压变换器、磁通密度电压变换器等电路中作控制元件，或是作为开关电路用在接近开关、磁卡文字识别和磁电编码器等方面。

下面介绍半导体InSb磁敏无接触电位器。

半导体InSb磁敏无接触电位器是半导体InSb磁阻效应的典型应用之一。与传统电位器相比，它具有无可比拟的优点：无接触电刷、无电接触噪声、旋转力矩小、分辨率高、高频特性好、可靠性高、寿命长。半导体InSb磁敏无接触电位器是基于半导体InSb磁阻效应原理，由半导体InSb磁敏电阻元件和偏置磁钢组成；其结构与普通电位器相似。由于无电刷接触，故称无接触电位器。

该电位器的核心是差分型结构的两个半圆形磁敏电阻，它们被安装在同一旋转轴上的半圆形永磁钢上，其面积恰好覆盖其中一个磁敏电阻；随着旋转轴的转动，磁钢覆盖于磁阻元件的面积发生变化，引起磁敏电阻值发生变化，旋转转轴，即能调节其阻值。其工作原理和输出电压随旋转角度变化的关系曲线如图6-6所示。

**2. 磁敏二极管**

磁敏二极管是一种磁电转换元件，它可以将磁信息转换成电信号，具有体积小、灵敏度高、响应快、无触点、输出功率大及性能稳定等特点，可广泛应用于磁场的检测、磁力探伤、转速测量、位移测量、电流测量、无触点开关、无刷直流电机等技术领域。

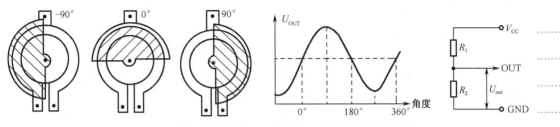

图6-6　磁敏无接触电位器工作原理示意图和输出特性曲线

1) 磁敏二极管的基本结构及工作原理

磁敏二极管的结构如图6-7所示。它是平面 $P^+iN^+$ 型结构的二极管。在高纯度半导体锗的两端用合金法做成高掺杂 P 型区和 N 型区。i 区是高纯度空间电荷区，i 区的长度远远大于载流子扩散的长度。在 i 区的一个侧面上，用扩散、研磨或扩散杂质等方法制成高复合区 r，在 r 区域载流子的复合速率较大。

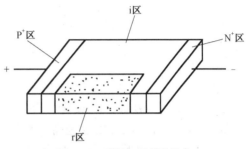

图6-7　磁敏二极管的结构

在电路中，$P^+$ 区接正电压，$N^+$ 区接负电压，即给磁敏二极管加上正电压时，$P^+$ 区向 i 区注入空穴，$N^+$ 区注入电子。在没有外加磁场时，大部分的空穴和电子分别流入 $N^+$ 区和 $P^+$ 区而产生电流，只有很少部分载流子在 i 区或 r 区复合，如图6-8（a）所示。此时 i 区有固定的阻值，器件呈稳定状态。若给磁敏二极管外加一个磁场 $B_+$ 时，在正向磁场的作用下，空穴和电子在洛伦兹力的作用下偏向 r 区，如图6-8（b）所示。由于空穴和电子在 r 区的复合速率大，因此载流子复合掉的比没有磁场时大得多，从而使 i 区中的载流子数目减少，i 区电阻增大，i 区的电压降也增加，又使 $P^+$ 与 $N^+$ 结的结压降减小，导致注入 i 区的载流子的数目减少，其结果使 i 区的电阻继续增大，其压降也继续增大，形成正反馈过程，直到进入某一动平衡状态为止。当在磁敏二极管上加一个反向磁场 $B_-$ 时，载流子在洛伦兹力的作用下，均偏离复合区 r，如图6-8（c）所示。其偏离 r 区的结果与加正向磁场时的情况恰好相反，此时磁敏二极管的正向电流增大，电阻减小。

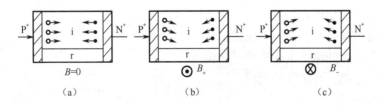

图6-8　磁敏二极管工作原理

（a）无磁场；（b）加正向磁场；（c）加反向磁场

从以上的工作过程可以看出，磁敏二极管是采用电子与空穴双重注入效应及复合效应原理工作的。在磁场作用下，两效应是相乘的，再加上正反馈的作用，磁敏二极管有着很高的灵敏度。由于磁敏二极管在正负磁场作用下，其输出信号增量方向不同，因此利用它可以判别磁场方向。

2）磁敏二极管的主要技术特性及参数

（1）灵敏度。

当外加磁感应强度 $B = \pm 0.1$ T 时，输出端电压增量与电流增量之比称为灵敏度。国产 2ACM 磁感应二极管的灵敏度为 800 mV/mA。

（2）工作电压 $U_0$ 和工作电流 $I_0$。

它们是指磁敏二极管在零磁场时的电压、电流值。国产 2ACM 磁敏二极管的工作电压 $U_0$ 为 5~7 V，工作电流 $I_0$ 为 1.5~2.5 mA。

（3）电压输出特性。

电压输出特性曲线如图 6-9 所示。在弱磁场下，输出电压与磁感应强度成正比，为线性关系。随着磁场的增强，输出电压与磁感应强度呈非线性关系。

（4）伏安特性。

磁敏二极管的伏安特性曲线如图 6-10 所示。当磁感应强度 $B$ 不同时，有着不同的伏安特性曲线，$AB$ 线为负载线。通过磁敏二极管的电流越大，则在同一磁场作用下，输出电压越高，灵敏度也越高。在负向磁场作用下，磁敏二极管的电阻小、电流大；在正向磁场作用下，磁敏二极管的电阻大、电流小。

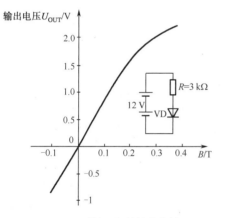

图 6-9　磁敏二极管输出特性

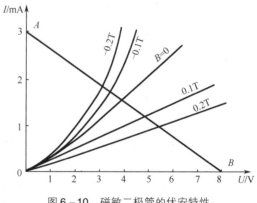

图 6-10　磁敏二极管的伏安特性

（5）温度特性。

温度特性曲线如图 6-11 所示，磁敏二极管受温度影响较大，即在一定测试条件下，磁敏二极管的输出电压变化量随温度变化较大。因此，在实际使用时，必须对其进行温度补偿。

3）磁敏二极管的应用

磁敏二极管漏磁探伤仪是利用磁敏二极管可以检测弱磁场变化的特性而设计的。原理如图 6-12 所示。漏磁探伤仪由

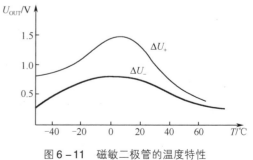

图 6-11　磁敏二极管的温度特性

励磁线圈 2、铁芯 3、放大器 4、磁敏二极管探头 5 等部分构成。将待测物 1（如钢棒）

置于铁芯之下，并使之不断转动，在铁芯、线圈励磁后，钢棒被磁化。若待测钢棒没有损伤的部分在铁芯之下时，铁芯和钢棒被磁化部分构成闭合磁路，励磁线圈感应的磁通为 $\Phi$，此时无泄漏磁通，磁敏二极管探头没有信号输出。若钢棒上的裂纹旋至铁芯下，裂纹处的泄漏磁通作用于探头，探头将泄漏磁通量转换成电压信号，经放大器放大输出，根据指示仪表的示值可以得知待测铁棒中的缺陷。

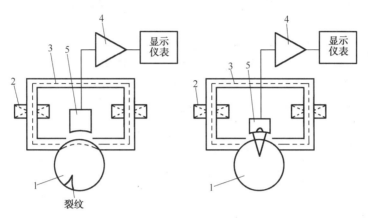

图 6 – 12　漏磁探伤仪的工作原理

1—待测物；2—励磁线圈；3—铁芯；4—放大器；5—磁敏二极管探头

### 3. 磁敏三极管

　　磁敏三极管是一种新型的磁电转换器件，这种器件的灵敏度比霍尔元件的灵敏度高得多，仍具有无触点、输出功率大、响应快、体积小、成本低的优点。磁敏三极管在磁力探测、无损探伤、位移测量、转速测量及自动化控制设备上得到了广泛的应用。

　　1）磁敏三极管的基本结构及工作原理

　　磁敏三极管由锗材料制成。图 6 – 13 是磁敏三极管的结构。它是在高阻半导体材料 i 区上制成 $N^+ - i - N^+$ 结构，在发射区的一侧用喷砂等方法破坏一层晶格，形成载流子高复合区 r。元件采用平板结构，发射区和集电区设置在它的上、下表面。

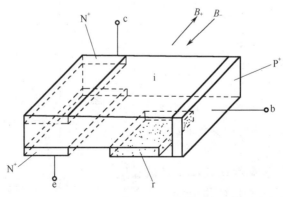

图 6 – 13　磁敏三极管结构

　　图 6 – 14 是磁敏三极管的工作原理。图 6 – 14（a）是无外磁场作用情况。从发射极 e 注入 i 区的电子，由于 i 区较长，在横向电压 $U_{be}$ 的作用下，大部分与 i 区中的空穴

复合形成基极电流，少部分电子到集电极形成集电极电流。显然，这时基极电流大于集电极电流。图6-14（b）是有外部磁场 $B_+$ 作用的情况，从发射极注入 i 区的电子，除受横向电场 $U_{be}$ 作用外，还受磁场洛伦兹力的作用，使其向复合区 r 方向偏转。结果使注入集电极的电子数和流入基区的电子数的比例发生变化，原来进入集电极的部分电子改为进入基区，使基极电流增加，而集电极电流减少。根据磁敏二极管的工作原理，由于流入基区的电子要经过高复合区 r，载流子大量地复合，使 i 区载流子浓度大大减小而成为高阻区，高阻区的存在又使发射结上电压减小，从而使注入 i 区的电子数大量减少，使集电极电流进一步减少。流入基区的电子数，开始由于洛伦兹力的作用引起增加，后又因发射结电压下降而引起减少，总的结果是基极电流基本不变。图6-14（c）是有外部反向磁场 $B_-$ 作用的情况。其工作过程正好和加上正向电场 $B_+$ 的情况相反，集电极电流增加，而基极电流基本上仍保持不变。

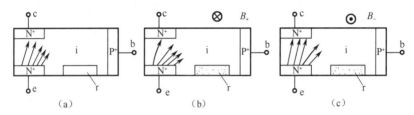

图6-14　磁敏三极管工作原理示意图

（a）无外磁场；（b）有外磁场 $B_+$；（c）有外磁场 $B_-$

由上面磁敏三极管的工作过程可以看出，其工作原理与磁敏二极管完全相反，无外界磁场作用时，由于 i 区较长，在横向电场作用下，发射极电路大部分形成基极电流，小部分形成集电极电流。在正向或反向磁场作用下，会引起集电极电流的减少或增加。因此，可以用磁场方向和强弱控制集电极电流的增加或减少。

2）磁敏三极管的主要技术特性

（1）磁灵敏度 $h_x$。

磁敏三极管的磁灵敏度是指当基极电流恒定，外加磁感应强度 $B = 0$ 时的集电极电流 $I$ 与外加磁感应强度 $B = \pm 0.1$ T 时的集电极电流 $I_{c1}$ 的相对变化值，国产 3BCM 磁敏三极管的磁灵敏度 $h_x = (16 \sim 20)\% /0.1T$。

（2）输出特性。

图6-15是硅磁敏三极管在基极电流恒定时，集电极电流与外加磁场的关系曲线。

（3）温度特性。

磁敏三极管的基区宽度比载流子扩散长度大，基区输送的电流主要是漂移电流，所以集电极电流的温度特性具有负的温度系数，即随着温度的升高，集电极电流下降。在集电极电流恒定的条件下，在 $-40 \sim 100$ ℃温度范围内，

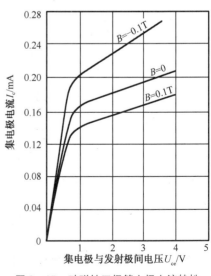

图6-15　硅磁敏三极管电极电流特性

平均的温度系数为 $-0.1\% \sim -0.3\%/℃$。

### 4. 干簧管

干簧管的全称叫作干式舌簧开关管，是一种具有干式接点的密封式开关，是一种磁控元件。干簧管具有结构简单、体积小、寿命长、防腐、防尘及便于控制等优点，可广泛用于接近开关、防盗报警等控制电路中。

1）干簧管的结构

干簧管是用既导磁又导电的材料做成簧片，将两个簧片平行地封入充有惰性气体（如氮气、氦气等）的玻璃管中，组成一个开关元件。两个簧片的端部有部分重叠并留有一定间隙以构成接点。当外加的永久磁铁靠近干簧管使簧片磁化时，簧片的接点部分就感应出极性相反的磁极，当磁极之间的吸引力超过簧片的弹力时，两个簧片的端部接点就会吸合；当磁极之间的磁力减小到一定值时，两个簧片的端部接点又会被簧片的弹力所打开，其结构如图 6-16 所示。干簧管比一般机械开关结构简单、体积小、速度高、工作寿命长；而与电子开关相比，它又有抗负载冲击能力强等特点，工作可靠性很高。其外形如图 6-17 所示。

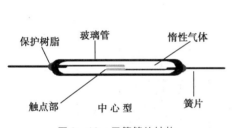

图 6-16　干簧管的结构

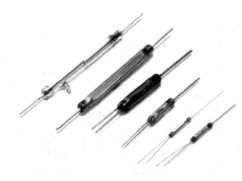

图 6-17　干簧管外形

干簧管按接点形式可分为常开接点（H 型）与转换接点（Z 型）两种。常开式干簧管的接点只有两个，当簧片被磁化时，接点就闭合；转换式干簧管的接点有 3 个，一个簧片用导电但不导磁的材料做成，另外两个簧片用既导电又导磁的材料制成。平时，依靠弹性使簧片之间有一对闭合而另一对断开。当永久磁铁靠近干簧管时，簧片之间的闭合与断开便相互转换，这样就构成了一个转换开关。干簧管的簧片接点间隙一般为 $1 \sim 2$ mm，两簧片的吸合时间非常短，通常小于 0.15 ms。

2）干簧管的应用

干簧管和永久磁铁配合可以用在许多方面。例如，利用永久磁铁靠近干簧管时可使干簧管动作的原理，可以制成各种控制开关及产生控制信号，可以做成磁控开关，在需要电气保护控制的回路中串入干簧管外的线圈，当回路发生故障时，线圈中流过电流，可使干簧管接点闭合，使控制继电器动作，继电器的常闭触点断开，达到保护目的。

（1）干簧管式自动水位控制装置。

干簧管式自动水位控制装置的水位传感器由干簧管、浮球、滑轮及永久磁铁等组成，如图 6-18 所示。当浮球由于液面的升降而上下移动时，通过滑轮与绳索带动永久磁铁上下移动，当永久磁铁移动到干簧管的设定位置时，干簧管内的常开触点在永久磁铁磁场的作用下接通，当永久磁铁移开时，触点则被释放。根据干簧管触点的接通与断开情况即可得知水位信号。

图6-19是自动水位控制装置的电路原理。平时，水箱内的水位在图示的A、B之间时，干簧管$G_1$、$G_2$不受永久磁铁磁场的作用，$G_1$和$G_2$内部的常开触点均处于断开状态，使$IC_1$复位，$IC_1$的③脚输出低电平，继电器K不工作，其触点K断开，水泵电动机不工作。与此同时，由于$G_1$、$G_2$的断开，使$VT_1$和$VT_2$均处于截止状态，$IC_2$八音响集成电路的选声端均处于高电平而不工作，扬声器不发出报警声响。

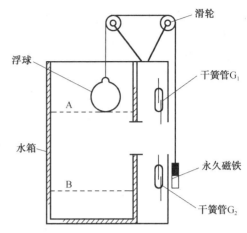

图6-18　干簧管式自动水位控制器结构

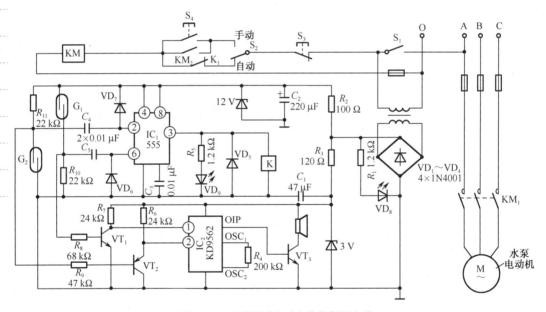

图6-19　干簧管式自动水位控制器电路

当液位下降低于B点时，永久磁铁同干簧管$G_2$接近，在永久磁铁磁场的作用下，$G_2$内部的常开触点接通。在$G_2$触点接通的瞬间$IC_1$的②脚得到负脉冲信号而被触发翻转，其③脚输出高电平，使继电器K工作，$K_1$触点接通，交流接触器KM得电工作，其常开触点$KM_1$闭合，使水泵电动机旋转工作并向水箱注水。同时$VT_2$导通，使$IC_2$的一个选声端为低电平而工作，$IC_2$产生的警笛信号由$VT_3$放大，驱动扬声器发出声响。随着水位的提高，$G_2$渐渐失去磁性控制，警笛声自动消除，水泵仍继续工作。

当水位到达A点时，永久磁铁同干簧管$G_1$接近，在永久磁铁磁场的作用下，$G_1$内部的常开触点闭合。在$G_1$触点闭合的瞬间，$IC_1$的⑥脚得到正脉冲信号的触发而翻转，其③脚的电平转为低电平，继电器K停止工作，其触点$K_1$断开，交流接触器KM

因失电而断开其触点 $KM_1$，水泵电动机停止工作。与此同时，$VT_2$ 导通，使 $IC_2$ 的另一个选声端为低电平而工作，从而使扬声器发出另一种声响，告知注水已到上限应停止注水。随着用水水位的下降，干簧管 $G_1$ 内部触点断开，音响则自动停止。

需要手动操作时，只要把转换开关 $S_2$ 置于"手动"位置，按下启动按钮 $S_4$ 就可使水泵工作。按下止动按钮 $S_3$，水泵便停止工作。发光二极管 $VD_8$ 为电源指示灯，$VD_9$ 为电动机工作指示灯。

（2）门窗防撬报警电路。

图 6-20 是一个简易的门窗防撬报警电路。图中使用了 3 个干簧管，其中两个用于窗 1 和窗 2 的防撬，另一个用于门的防撬。干簧管安置在门框和窗框中，永久磁铁安装在门及窗上，它们之间的距离在 5 mm 左右。当门窗关闭时，3 个干簧管的触点在永久磁铁的作用下吸合，半导体管 VT 的基极与发射极被干簧管的触点短接，VT 截止，蜂鸣器不发声。当门窗被撬开时，干簧管由吸合变为释放状态，VT 由 $R$ 提供基极电流而导通，蜂鸣器发出报警声响。

由于 3 个干簧管是串接的，所以任一门窗被撬开时都能发出报警声响。也可以用电磁继电器代替蜂鸣器，由继电器的触点来控制多样的报警方式。

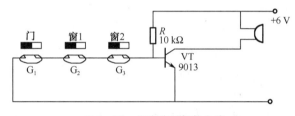

图 6-20 门窗防撬报警电路

## 四、任务实施

### 1. 电路组成

门控自动照明灯的电路如图 6-21 所示，电路由门控开关、延迟电路、光控电路和电源电路等几部分组成。门控开关主要由干簧管 K、小磁铁 ZT 等组成，ZT 安装在门上，干簧管 K 安装在门框上。$VT_3$、$R_G$ 和 $R_P$ 构成光控电路，电源部分由 $C_2$、$C_3$、$VD_1$、$VD_2$ 等组成。

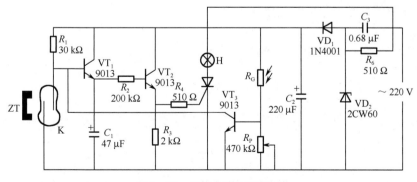

图 6-21 门控自动照明灯电路

### 2. 工作原理

当门关上时，ZT 对准干簧管 K，所以干簧管内两触点被磁化吸合，这时电子开关管 $VT_1$ 因基极为低电平而处于截止状态，$VT_2$ 也截止，故可控硅 VS 门极无触发电压而处于关断状态，灯 H 不亮。若夜间回家开门，门打开时，ZT 远离干簧管，干簧管内两触点因自身弹性复位跳开，$VT_1$ 因 $R_1$ 获得基极偏流而导通，正电源就通过 $VT_1$ 向电容 $C_1$ 迅速充电，并经 $R_2$ 向 $VT_2$ 注入基流使 $VT_2$ 也因此而导通，VS 获得触发电流就由原来的关断态转为导通态，灯 H 就通电发光。主人回家开门后又随手关好房门，虽然 $VT_1$ 又恢复了截止状态，由于 $C_1$ 储存的电荷可通过 $R_2$ 向 $VT_2$ 的基极放电，从而维持 $VT_2$ 继续保持导通态，所以电灯 H 仍点亮而不会熄灭。直至 $C_1$ 电荷基本放完，不足以维持 $VT_2$ 导通时，VS 因失去触发电流，当交流电过零时即关断，灯 H 熄灭。白天光敏电阻器 $R_G$ 因受室内自然光线照射而呈低电阻，$VT_3$ 处于导通状态，使 $VT_1$ 的基极电位受到 $VT_3$ 集电极控制，即使打开房门，K 触点跳开，$VT_1$ 的基极仍处于低电位，始终保持截止状态不变，所以电灯 H 不会被点亮。只有夜幕降临时，因 $R_G$ 无光照射呈高电阻，$VT_3$ 截止，从而解除对 $VT_1$ 的封锁，电路才受门控开关控制。

220 V 交流电经 $C_3$ 降压限流、$VD_1$ 半波整流、$VD_2$ 稳压和 $C_2$ 滤波，输出约 12 V 左右直流电压供整机用电。

### 3. 元器件选择

$VT_1 \sim VT_3$ 均采用 9013 型等硅 NPN 三极管，$\beta \geqslant 100$。VS 可用 MCR100 – 8 型等小型塑封单向可控硅，$VD_1$ 为 1N4001 型硅整流二极管，$VD_2$ 可用 12V、1/2 W 稳压二极管，如 2CW60 型等。H 可用 40 W 以下白炽灯泡。

$R_G$ 为 MG45 型光敏电阻器，要求亮阻与暗阻相差越大越好。$R_P$ 为 WSW 型有机实芯微调可变电阻器，其余电阻均用 RTX – 1/8W 型碳膜电阻器。$C_1$、$C_2$ 可用 CD11 – 25V 型电解电容器，$C_3$ 要求采用耐压 400 V 以上的优质聚丙烯电容器。K 可用任何型号的小型干簧管，ZT 采用小体积高磁力的小磁体，也可采用塑料文具盒的封口磁铁。

## 五、任务练习题

(1) 磁敏传感器的工作原理是什么？常用的磁敏传感器有哪几种？

(2) 什么叫作磁阻效应？磁场为什么会引起磁敏电阻的电阻值发生变化？

(3) 磁敏二极管是基于什么原理工作的？

(4) 干簧管的结构包括哪几部分？

# 项目七 传感器信号处理

**学习目标：**

(1) 掌握传感器输出信号的特点。

(2) 掌握传感器输出信号处理电路。

(3) 掌握输出信号的干扰及控制技术。

## 一、传感器信号输出的特点

一般检测系统通常由传感器、测量电路（信号转换与信号处理电路）及显示记录部分组成。对于被测非电量变换为电路参数的无源型传感器（如电阻式、电感式、电容式等），需要先进行激励，通过不同的转换电路把电路参数转换成电流或电压信号，然后再经过放大输出；对于直接把非电量变换为电学量（电流或电动势）的有源型传感器（如磁电式、热电式等），需要进行放大处理。因此，一个非电量检测装置（或系统）中，必须具有对电信号进行转换和处理的电路，即微弱信号放大、滤波、零点校正、线性化处理、温度补偿、误差修正、量程切换等信号处理功能。信号处理电路的重点为微弱信号放大及线性化处理。

## 二、传感器输出信号处理电路

各种信息由传感器采集后，变换成电量信号，必须先经过一系列的变换，以适合数据采集系统的采集。常见信号处理电路有阻抗变换、信号的放大或衰减、滤波、线性化处理、数值运算、电气隔离等。

例如，当传感器输出信号十分微弱时，必须采用前置放大器，提高对信号的分辨率；当传感器输出信号输出阻抗很高时，必须采用阻抗变换器、电荷放大器等以变换阻抗和放大信号；当信号含有较多的噪声成分时，必须进行滤波处理等。

### 1. 信号放大器

信号放大器是检测系统中广泛采用的信号处理电路，起放大作用；同时还可起跟随器、隔离器的作用。

信号放大器主要有：

(1) 同相放大器。输入阻抗极高，常用作信号变换电路的前置输入部分，电路如图 7-1 (a) 所示。

(2) 反相放大器。有很小的输出阻抗电路，如图 7-1 (b) 所示。

### 2. 集成运算放大器

集成运算放大器是内部具有差分放大电路的集成电路，国家标准规定的符号如图7-2（a）所示，习惯的表示符号如图7-2（b）所示。运放有两个信号输入端和一个输出端。两个输入端中，标"+"的为同相输入端，标"－"的为反相输入端。所谓同相或反相是表示输出信号与输入信号的相位相同或相反。$u_{id} = u_{i1} - u_{i2}$称为差模或差分输入信号，$u_{ic} = (u_{i1} + u_{i2})/2$则称为共模输入信号，输出信号为$u_o$，其参考点为信号地理想的运算放大器（简称为运放）具有以下特征：

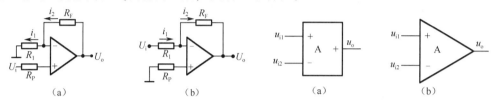

图7-1　比例放大电路　　　　　　　图7-2　集成运算放大器表示符号
（a）同相放大器；（b）反相放大器　（a）国家标准规定的符号；（b）惯用符号

（1）对差模信号的开环放大倍数为无穷大。

（2）共模抑制比无穷大。

（3）输入阻抗无穷大。

如果集成运放工作在线性放大状态，那么它具有以下两个特点：

（1）两输入端的电压非常接近，即$u_{i1} \approx u_{i2}$，但不是短路，故称为"虚短"。在工程中分析电路时，可以认为$u_{i1} = u_{i2}$。

（2）流入两个输入端的电流通常可视为零，即$i_- \approx 0$，$i_+ \approx 0$，但不是断开，故称为"虚断"。在工程中分析电路时，可以认为$i_- = i_+ = 0$。

### 3. 运放阻抗匹配器

传感器输出阻抗比较高，为防止信号的衰减，常采用高输入阻抗、低输出阻抗的阻抗匹配器作为传感器输入到测量系统的前置电路，常见的阻抗匹配器有半导体阻抗匹配器、场效应晶体管阻抗匹配器及运算放大器阻抗匹配器。

### 4. 电桥电路

由传感器电桥和运算放大器组成的放大电路或由传感器和运算放大器构成的电桥都称为电桥放大电路。应用于电参量式传感器，如电感式、电阻应变式、电容式传感器等，经常通过电桥转换电路输出电压或电流信号，并用运算放大器作进一步放大，或由传感器和运算放大器直接构成电桥放大电路，输出放大了的电压信号。

## 三、输出信号的干扰及控制技术

在检测装置中，测量的信息往往是以电压或电流形式传送的，由于检测装置内部和外部因素的影响，使信号在传输过程的各个环节中，不可避免地要受到各种噪声干扰，而使信号产生不同程度的畸变。

噪声一般可分为外部噪声和内部噪声两大类。外部噪声有自然界噪声源（如电离层的电磁现象产生的噪声）和人为噪声源（如电气设备、电台干扰等）；内部噪声又名固有噪声，它是由检测装置的各种元件内部产生的，如热噪声、散粒噪声等。

在检测装置中常用的干扰抑制技术，是根据具体情况，对干扰加以认真分析后，有针对性地正确使用，往往可以得到满意的效果。在对具体问题进行分析时，一定要注意信号与干扰之间的辩证关系。也就是说，干扰对测量结果的影响程度，是相对信号而言的。如高电平信号允许有较大的干扰；而信号电平越低，对干扰的限制也越严重。通常，干扰的频率范围也是很宽的，但是，对于一台具体的测量仪器，并非一切频率的干扰所造成的效果都相同。例如，对直流测量仪表，一般都具有较大的惯性，即仪表本身具有低通滤波特性，因此它对频率较高的交流干扰不敏感；对于低频测量仪表，若输入端装有滤波器，则可将通带频率以外的干扰大大衰减。但是，若对工频干扰采用滤波器，会将 50 Hz 的有用信号滤掉。因此，工频干扰是低频检测装置最严重的问题，是不易除去的干扰，对于宽频带的检测装置，在工作频带内的各种干扰都将起作用。在非电量的检测技术中，动态惯量应用日趋广泛，所用的放大器、显示器、记录仪等的频带越来越宽，因此，这些装置的抗干扰问题也日趋重要。目前常用的抗干扰措施有以下几种。

### 1. 屏蔽技术

利用铜或铝等低阻材料制成的容器，将需要防护的部分包起来或者是用导磁性良好的铁磁性材料制成的容器将要防护的部分包起来，此种方法主要是防止静电或电磁干扰，称之为屏蔽。

1）静电屏蔽

在静电场作用下，导体内部无电力线，即各点等电位。静电屏蔽就是利用了与大地相连接的导电性良好的金属容器，使其内部的电力线不外传，同时也不使外部的电力线影响其内部。

静电屏蔽能防止静电场的影响，用它可以消除或削弱两电路之间由于寄生分布电容耦合而产生的干扰。

在电源变压器的一次、二次侧绕组之间插入一个梳齿形薄铜皮并将它接地，以此来防止两绕组间的静电耦合，就是静电屏蔽的范例。

2）电磁屏蔽

电磁屏蔽是采用导电良好的金属材料做成屏蔽层，利用高频干扰电磁场在屏蔽体内产生涡流，再利用涡流消耗高频干扰磁场的能量，从而削弱高频电磁场的影响。

若将电磁屏蔽层接地，则同时兼有静电屏蔽的作用。也就是说，用导电良好的金属材料做成的接地电磁屏蔽层，同时起到电磁屏蔽和静电屏蔽两种作用。

3）低频磁屏蔽

在低频磁场干扰下，采用高导磁材料作屏蔽层，以便将干扰磁力线限制在磁阻很小的磁屏蔽体内部，防止其干扰作用。

通常采用坡莫合金之类的对低频磁通有高磁导率的材料。同时要有一定的厚度，以减少磁阻。

### 2. 接地技术

（1）保护接地线。出于安全防护的目的将检测装置的外壳屏蔽层接地用的地线。

（2）信号地线。它只是检测装置的输入与输出的零信号电位公共线，除特殊情况之外，一般与真正大地是隔绝的。信号地线分为两种：模拟信号地线及数字信号地线。

因前者信号较弱，故对地线要求较高，而后者则要求可低些。

（3）信号源地线。它是传感器本身的信号电位基准公共线。

（4）交流电源地线。

在检测装置中，上列 4 种地线一般应分别设置，以消除各地线之间的相互干扰。

通常在检测装置中至少要有 3 种分开的地线。若设备使用交流电源时，则交流电源地线应和保护地线相连，使用这种接地方式可以避免公共地线各点电位不均匀所产生的干扰。

为了使屏蔽在防护检测装置不受外界电场的电容性或电阻性漏电影响时充分发挥作用，应将屏蔽线接到大地上。但是大地各处电位很不一致，如果一个测量系统在两点接地，因两接地点不易获得同一电位，从而对两点（多点）接地电路造成干扰。这时地电位是装置输入端共模干扰电压的主要来源。因此，对一个测量电路只能一点接地。

### 3. 信号的滤波

滤波器是一种选频装置，可以使信号中特定频率成分通过，而极大地衰减其他频率成分。因传感器的输出信号大多是缓慢变化的，因而对传感器输出信号的滤波常采用有源低通滤波器，即只允许低频信号通过而不能通过高频信号。常采用的方法是在运算放大器的同相端接入一阶或二阶 $RC$ 有源低通滤波器，使干扰的高频信号滤除，而使有用的低频信号顺利通过；反之，在输入端接高通滤波器，将低频干扰滤除，使高频有用信号顺利通过。除了上述滤波器外，有时还使用带通滤波器和带阻滤波器。

### 4. 退耦滤波器

当一个直流电源对几个电路同时供电时，为了避免因为电源内阻造成几个电路之间互相干扰，应在每个电路的直流电源进线与地线之间加装退耦滤波器。如图 7 - 3 所示，其中图 7 - 3（a）是 $RC$ 退耦滤波器、图 7 - 3（b）是 $LC$ 退耦滤波器的示意图。应注意，$LC$ 滤波器有一个谐振频率，其值为

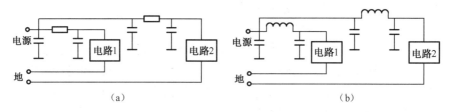

图 7 - 3　电源退耦滤波器

（a）$RC$ 退耦滤波器；（b）$LC$ 退耦滤波器

$$f_r = \frac{1}{2\pi\sqrt{LC}}$$

在这个谐振频率 $f_r$ 上，经滤波器传输过去的信号，比没有滤波器时还要大。因此，必须将这个谐振频率取在电路的通频带之外。在谐振频率 $f_r$ 下，滤波器的增益与阻尼系数 $\xi$ 成反比。$LC$ 滤波器的阻尼系数为

$$\xi = \frac{R}{2}\sqrt{\frac{C}{L}}$$

式中　　$R$——电感线圈的等效电阻。

为了把谐振时的增益限制在 2 dB 以下，应取 $\xi > 0.5$。

对于一台多级放大器，各放大级之间会通过电源的内阻抗产生耦合干扰。因此，多级放大器的级间及供电必须进行退耦滤波，可采用 $RC$ 退耦滤波器。由于电解电容在频率较高时呈现电感特性，所以退耦电容常由两个电容并联组成。一个为电解电容，起低频退耦作用；另一个为小容量的非电解电容，起高频退耦作用。

## 四、项目练习题

（1）对传感器输出的微弱信号采用何种电路进行处理？

（2）屏蔽有几种形式？各起什么作用？

（3）接地有几种形式？各起什么作用？

# 附录A 热电偶分度表

附表 A-1　铂铑₁₀-铂热电偶分度表（分度号：S）

（参考端温度：0 ℃）

| 温度/℃ | 0 | 10 | 20 | 30 | 40 | 50 | 60 | 70 | 80 | 90 |
|---|---|---|---|---|---|---|---|---|---|---|
| | 热电动势/mV | | | | | | | | | |
| 0 | 0 | 0.055 | 0.113 | 0.173 | 0.235 | 0.299 | 0.365 | 0.432 | 0.502 | 0.573 |
| 100 | 0.645 | 0.719 | 0.795 | 0.872 | 0.95 | 1.029 | 1.109 | 1.19 | 1.273 | 1.356 |
| 200 | 1.44 | 1.525 | 1.611 | 1.698 | 1.785 | 1.873 | 1.962 | 2.051 | 2.141 | 2.232 |
| 300 | 2.323 | 2.414 | 2.506 | 2.599 | 2.692 | 2.786 | 2.88 | 2.974 | 3.069 | 3.146 |
| 400 | 3.26 | 3.356 | 3.452 | 3.549 | 3.645 | 3.743 | 3.84 | 3.938 | 4.036 | 4.135 |
| 500 | 4.234 | 4.333 | 4.432 | 4.532 | 4.632 | 4.732 | 4.832 | 4.933 | 5.034 | 5.136 |
| 600 | 5.237 | 5.339 | 5.442 | 5.544 | 5.648 | 5.751 | 5.855 | 5.96 | 6.064 | 6.169 |
| 700 | 6.274 | 6.38 | 6.486 | 6.592 | 6.699 | 6.805 | 6.913 | 7.02 | 1.128 | 7.236 |
| 800 | 7.345 | 7.545 | 7.563 | 7.672 | 7.782 | 7.892 | 8.003 | 8.114 | 8.225 | 8.336 |
| 900 | 8.448 | 8.56 | 8.673 | 8.786 | 8.899 | 9.012 | 9.126 | 9.24 | 9.355 | 9.47 |
| 1 000 | 9.585 | 9.7 | 9.816 | 9.932 | 10.048 | 10.165 | 10.282 | 10.4 | 10.517 | 10.635 |
| 1 100 | 10.754 | 10.872 | 10.991 | 11.11 | 11.229 | 11.348 | 11.467 | 11.587 | 11.707 | 11.827 |
| 1 200 | 11.947 | 12.067 | 12.188 | 12.308 | 12.429 | 12.55 | 12.671 | 12.792 | 12.913 | 13.034 |
| 1 300 | 13.155 | 13.276 | 13.397 | 13.519 | 13.64 | 13.761 | 13.883 | 14.004 | 14.125 | 14.247 |
| 1 400 | 14.368 | 14.489 | 14.61 | 14.731 | 14.852 | 14.973 | 15.094 | 15.215 | 15.336 | 15.456 |
| 1 500 | 15.576 | 15.697 | 15.817 | 15.937 | 16.057 | 16.176 | 16.296 | 16.415 | 16.534 | 16.653 |
| 1 600 | 16.771 | 16.89 | 17.008 | 17.125 | 17.243 | 17.36 | 17.477 | 17.594 | 17.771 | 17.826 |
| 1 700 | 17.942 | 18.056 | 18.17 | 18.282 | 18.394 | 18.504 | 18.612 | — | — | — |

附表 A-2　镍铬-镍硅（镍铬-镍铝）热电偶分度表（分度号：K）

（参考端温度：0 ℃）

| 温度/℃ | 0 | 10 | 20 | 30 | 40 | 50 | 60 | 70 | 80 | 90 |
|---|---|---|---|---|---|---|---|---|---|---|
| | 热电动势/mV | | | | | | | | | |
| 0 | 0 | 0.397 | 0.798 | 1.203 | 1.611 | 2.022 | 2.436 | 2.85 | 3.266 | 3.681 |
| 100 | 4.059 | 4.508 | 4.919 | 5.327 | 5.733 | 6.137 | 6.539 | 6.939 | 7.388 | 7.737 |
| 200 | 8.137 | 8.537 | 8.938 | 9.341 | 9.745 | 10.151 | 10.56 | 10.969 | 11.381 | 11.739 |
| 300 | 12.207 | 12.623 | 13.039 | 13.456 | 13.874 | 14.292 | 14.712 | 15.132 | 15.552 | 15.974 |
| 400 | 16.395 | 16.828 | 17.241 | 17.664 | 18.088 | 18.513 | 18.938 | 19.363 | 19.788 | 20.244 |
| 500 | 20.64 | 21.066 | 21.493 | 21.919 | 22.346 | 22.772 | 23.198 | 23.624 | 24.05 | 24.476 |
| 600 | 24.902 | 25.327 | 25.751 | 26.176 | 26.599 | 27.022 | 27.445 | 27.867 | 28.288 | 29.709 |
| 700 | 29.128 | 29.547 | 29.965 | 30.383 | 30.799 | 31.214 | 31.629 | 32.042 | 32.455 | 32.866 |
| 800 | 33.277 | 33.686 | 34.095 | 34.502 | 34.909 | 35.314 | 35.718 | 36.121 | 36.524 | 36.925 |
| 900 | 37.325 | 37.724 | 38.122 | 38.519 | 38.915 | 39.31 | 39.703 | 40.096 | 40.488 | 40.789 |
| 1 000 | 41.269 | 41.657 | 42.045 | 42.432 | 42.817 | 43.202 | 43.585 | 43.968 | 44.349 | 44.729 |
| 1 100 | 45.108 | 45.486 | 45.863 | 46.238 | 46.612 | 46.985 | 47.356 | 47.726 | 48.095 | 48.462 |
| 1 200 | 48.828 | 49.192 | 49.555 | 49.916 | 50.276 | 50.633 | 50.99 | 51.344 | 51.697 | 52.049 |
| 1 300 | 52.398 | 52.747 | 53.093 | 53.439 | 53.782 | 54.466 | 54.466 | 54.807 | — | — |

附表 A-3　镍铬-铜镍（康铜）热电偶分度表（分度号：E）

（参考端温度：0 ℃）

| 温度/℃ | 0 | 10 | 20 | 30 | 40 | 50 | 60 | 70 | 80 | 90 |
|---|---|---|---|---|---|---|---|---|---|---|
| | 热电动势/mV | | | | | | | | | |
| 0 | 0 | 0.591 | 1.192 | 1.801 | 2.419 | 3.047 | 3.683 | 4.329 | 4.983 | 5.646 |
| 100 | 6.317 | 6.996 | 7.683 | 8.377 | 9.078 | 9.787 | 10.501 | 11.222 | 11.949 | 12.681 |
| 200 | 13.419 | 14.161 | 14.909 | 15.661 | 16.417 | 17.178 | 17.942 | 18.71 | 19.481 | 20.256 |
| 300 | 21.033 | 21.814 | 22.597 | 23.383 | 24.171 | 24.961 | 25.754 | 28.549 | 27.345 | 28.143 |
| 400 | 28.943 | 29.744 | 30.546 | 31.35 | 32.155 | 32.96 | 33.767 | 34.574 | 35.382 | 36.19 |
| 500 | 36.999 | 37.808 | 38.617 | 39.426 | 40.236 | 41.045 | 41.853 | 42.662 | 43.47 | 44.278 |
| 600 | 45.085 | 45.819 | 46.697 | 47.502 | 48.306 | 49.109 | 49.911 | 50.713 | 51.513 | 52.312 |
| 700 | 53.11 | 53.907 | 54.703 | 55.498 | 56.291 | 57.083 | 57.873 | 58.663 | 59.451 | 60.237 |
| 800 | 61.022 | 61.806 | 62.588 | 63.368 | 64.147 | 64.294 | 65.7 | 66.473 | 67.245 | 68.015 |
| 900 | 68.783 | 69.549 | 70.313 | 71.075 | 71.835 | 72.593 | 73.35 | 74.104 | 74.857 | 75.608 |
| 1 000 | 76.358 | — | — | — | — | — | — | — | — | — |

附表 A－4　铂铑$_{30}$－铂铑$_6$ 热电偶分度表（分度号：B）

（参考端温度：0 ℃）

| 温度/℃ | 0 | 10 | 20 | 30 | 40 | 50 | 60 | 70 | 80 | 90 |
|---|---|---|---|---|---|---|---|---|---|---|
| | 热电动势/mV | | | | | | | | | |
| 0 | 0 | −0.002 | −0.003 | −0.002 | 0 | 0.002 | 0.006 | 0.011 | 0.017 | 0.025 |
| 100 | 0.033 | 0.043 | 0.0053 | 0.065 | 0.078 | 0.092 | 0.107 | 0.123 | 0.14 | 0.159 |
| 200 | 0.178 | 0.199 | 0.22 | 0.243 | 0.266 | 0.291 | 0.317 | 0.344 | 0.372 | 0.401 |
| 300 | 0.431 | 0.462 | 0.494 | 0.527 | 0.561 | 0.596 | 0.632 | 0.669 | 0.707 | 0.746 |
| 400 | 0.786 | 0.827 | 0.87 | 0.913 | 0.975 | 1.002 | 1.348 | 1.095 | 1.543 | 1.192 |
| 500 | 1.241 | 1.292 | 1.344 | 1.397 | 1.45 | 1.505 | 1.56 | 1.617 | 1.674 | 1.732 |
| 600 | 1.791 | 1.851 | 1.912 | 1.974 | 2.036 | 2.1 | 2.164 | 2.23 | 2.296 | 2.363 |
| 700 | 2.43 | 2.499 | 2.569 | 2.639 | 2.71 | 2.782 | 2.855 | 2.928 | 3.003 | 3.078 |
| 800 | 3.154 | 3.231 | 3.308 | 3.387 | 3.466 | 3.546 | 3.626 | 3.708 | 3.79 | 3.873 |
| 900 | 3.957 | 4.041 | 4.126 | 4.212 | 4.298 | 4.386 | 4.474 | 4.562 | 4.652 | 4.742 |
| 1 000 | 4.833 | 4.924 | 5.016 | 5.109 | 5.202 | 5.297 | 5.391 | 5.487 | 5.583 | 5.68 |
| 1 100 | 5.777 | 5.875 | 5.973 | 6.073 | 6.172 | 6.273 | 6.374 | 6.475 | 6.577 | 6.68 |
| 1 200 | 6.783 | 6.887 | 6.991 | 7.096 | 7.202 | 7.308 | 7.414 | 7.521 | 7.628 | 7.736 |
| 1 300 | 7.845 | 7.953 | 8.063 | 8.192 | 8.283 | 8.393 | 8.504 | 8.616 | 8.727 | 8.839 |
| 1 400 | 8.952 | 9.065 | 9.178 | 9.291 | 9.405 | 9.519 | 9.634 | 9.748 | 9.863 | 9.979 |
| 1 500 | 10.094 | 10.21 | 10.325 | 10.441 | 10.558 | 10.674 | 10.79 | 10.907 | 11.024 | 11.141 |
| 1 600 | 11.257 | 11.374 | 11.491 | 11.608 | 11.725 | 11.842 | 11.959 | 12.076 | 12.193 | 12.31 |
| 1 700 | 12.426 | 12.543 | 12.659 | 12.776 | 12.892 | 13.008 | 13.124 | 13.239 | 13.354 | 13.47 |
| 1 800 | 13.585 | 13.699 | 13.814 | — | — | — | — | — | — | — |

# 附录B 热电阻分度表

附表 B-1 热电阻简易分度表

| 温度/℃ | 铂热电阻 $R_t$/Ω | | | | 铜热电阻 $R_t$/Ω | |
| --- | --- | --- | --- | --- | --- | --- |
| | 新分度号 | | 老分度号 | | 新分度号 | |
| | Pt10 | Pt100 | BA1 | BA2 | Cu50 | Cu100 |
| -200 | 1.849 | 18.49 | 7.95 | 17.28 | | |
| -150 | 3.971 | 39.71 | 17.85 | 38.80 | | |
| -100 | 6.025 | 60.25 | 27.44 | 59.65 | | |
| -50 | 8.031 | 80.31 | 36.80 | 80.00 | 39.24 | 78.49 |
| -40 | 8.427 | 84.27 | 38.65 | 84.03 | 41.40 | 82.80 |
| -30 | 8.822 | 88.22 | 40.50 | 88.04 | 43.55 | 87.10 |
| -20 | 9.216 | 92.16 | 42.34 | 92.04 | 45.70 | 91.40 |
| -10 | 9.609 | 96.09 | 44.17 | 96.03 | 47.85 | 95.70 |
| 0 | 10.000 | 100.00 | 46.00 | 100.00 | 50.00 | 100.00 |
| 10 | 10.390 | 103.90 | 47.82 | 103.96 | 52.14 | 104.28 |
| 20 | 10.779 | 107.79 | 49.64 | 107.91 | 54.28 | 108.56 |
| 30 | 11.167 | 111.67 | 51.45 | 111.85 | 56.42 | 112.84 |
| 40 | 11.554 | 115.54 | 53.26 | 115.78 | 58.56 | 117.12 |
| 50 | 11.940 | 119.40 | 55.06 | 119.70 | 60.70 | 121.40 |
| 100 | 13.850 | 138.50 | 63.09 | 139.10 | 71.40 | 142.80 |
| 150 | 15.731 | 157.31 | 72.78 | 158.21 | 82.13 | 164.27 |
| 200 | 17.584 | 175.84 | 81.43 | 177.03 | | |
| 250 | 19.407 | 194.07 | 89.96 | 195.56 | | |
| 300 | 21.202 | 212.02 | 98.34 | 213.79 | | |
| 350 | 22.997 | 229.97 | 106.60 | 231.73 | | |
| 400 | 24.704 | 247.04 | 114.72 | 249.38 | | |

| 温度/℃ | 铂热电阻 $R_t$/Ω | | | | 铜热电阻 $R_t$/Ω | |
| --- | --- | --- | --- | --- | --- | --- |
| | 新分度号 | | 老分度号 | | 新分度号 | |
| | Pt10 | Pt100 | BA1 | BA2 | Cu50 | Cu100 |
| 450 | 26.411 | 264.11 | 122.70 | 266.74 | | |
| 500 | 28.090 | 280.90 | 130.55 | 283.80 | | |
| 550 | 29.739 | 297.39 | 138.21 | 300.58 | | |
| 600 | 31.359 | 313.59 | 145.85 | 317.06 | | |
| 650 | 32.951 | 329.51 | 153.30 | 333.25 | | |
| 700 | 34.513 | 345.13 | | | | |
| 750 | 36.047 | 360.47 | | | | |
| 800 | 37.551 | 375.51 | | | | |
| 850 | 39.026 | 390.26 | | | | |

**附表 B-2　工业铜热电阻分度表（分度号：Cu50）$R_0 = 50\ \Omega,\ \alpha = 0.004\ 280$**

| 温度/℃ | 0 | 10 | 20 | 30 | 40 | 50 | 60 | 70 | 80 | 90 |
| --- | --- | --- | --- | --- | --- | --- | --- | --- | --- | --- |
| | 电阻值/Ω | | | | | | | | | |
| −0 | 50.00 | 47.85 | 45.70 | 43.55 | 41.40 | 39.24 | — | — | — | — |
| 0 | 50.00 | 52.14 | 54.28 | 56.42 | 58.56 | 60.70 | 62.84 | 64.98 | 67.12 | 69.26 |
| 100 | 71.40 | 73.54 | 75.68 | 77.83 | 79.98 | 82.13 | — | — | — | — |

**附表 B-3　工业铜热电阻分度表（分度号：Cu100）$R_0 = 50\ \Omega,\ \alpha = 0.004\ 280$**

| 温度/℃ | 0 | 10 | 20 | 30 | 40 | 50 | 60 | 70 | 80 | 90 |
| --- | --- | --- | --- | --- | --- | --- | --- | --- | --- | --- |
| | 电阻值/Ω | | | | | | | | | |
| −0 | 100.00 | 95.70 | 91.40 | 87.10 | 82.80 | 78.49 | — | — | — | — |
| 0 | 100.00 | 104.28 | 108.56 | 112.84 | 117.12 | 121.40 | 129.96 | 129.96 | 134.24 | 138.52 |
| 100 | 142.80 | 147.08 | 151.36 | 155.66 | 159.96 | 164.27 | — | — | — | — |

**附表 B-4　工业铂热电阻分度表（分度号：Pt100）$R_0 = 100\ \Omega,\ \alpha = 0.003\ 850$**

| 温度/℃ | 0 | 10 | 20 | 30 | 40 | 50 | 60 | 70 | 80 | 90 |
| --- | --- | --- | --- | --- | --- | --- | --- | --- | --- | --- |
| | 电阻值/Ω | | | | | | | | | |
| −200 | 18.49 | — | — | — | — | — | — | — | — | — |
| −100 | 60.25 | 56.19 | 52.11 | 48.00 | 43.87 | 39.71 | 35.53 | 31.32 | 27.08 | 22.80 |

| 温度/℃ | 0 | 10 | 20 | 30 | 40 | 50 | 60 | 70 | 80 | 90 |
|---|---|---|---|---|---|---|---|---|---|---|
| | 电阻值/Ω | | | | | | | | | |
| −0 | 100.0 | 96.09 | 92.16 | 88.22 | 84.27 | 80.31 | 76.33 | 72.33 | 68.33 | 64.30 |
| 0 | 100.00 | 103.90 | 107.79 | 111.67 | 115.54 | 119.40 | 123.24 | 127.07 | 130.89 | 134.70 |
| 100 | 138.50 | 142.29 | 146.06 | 149.82 | 153.58 | 157.31 | 161.04 | 164.76 | 168.46 | 172.16 |
| 200 | 157.84 | 179.51 | 183.17 | 186.82 | 190.45 | 194.07 | 197.69 | 201.29 | 204.88 | 208.45 |
| 300 | 212.02 | 215.57 | 219.12 | 222.65 | 226.17 | 229.67 | 233.17 | 236.65 | 240.13 | 243.59 |
| 400 | 247.04 | 250.48 | 253.90 | 257.32 | 260.72 | 264.11 | 267.49 | 270.86 | 274.22 | 277.56 |
| 500 | 280.90 | 284.22 | 287.53 | 290.83 | 294.11 | 297.39 | 300.65 | 303.91 | 307.15 | 310.38 |
| 600 | 313.59 | 316.8 | 319.99 | 323.18 | 326.35 | 329.51 | 332.66 | 355.79 | 338.92 | 342.03 |
| 700 | 345.13 | 348.22 | 351.30 | 354.37 | 357.42 | 360.47 | 363.50 | 366.52 | 369.53 | 372.52 |
| 800 | 375.51 | 378.48 | 381.45 | 384.40 | 387.34 | 390.26 | — | — | — | — |

# 参 考 文 献

[1] 陈杰，黄鸿. 传感器与检测技术 [M]. 北京：高等教育出版社，2002.

[2] 吕俊芳. 传感器接口与检测仪器电路 [M]. 北京：北京航空航天大学出版社，1996.

[3] 张福学. 传感器电子学及其应用 [M]. 北京：国防工业出版社，1990.

[4] 孙余凯，吴鸣山. 传感器应用电路 300 例 [M]. 北京：电子工业出版社，2008.

[5] 周传德. 传感器与测试技术 [M]. 重庆：重庆大学出版社，2011.

[6] 李娟，陈涛. 传感器与测试技术 [M]. 北京：北京航空航天大学出版社，2007.

[7] 宋雪臣. 传感器与测试技术 [M]. 北京：人民邮电出版社，2009.

[8] 刘君华. 智能传感器系统 [M]. 西安：电子科技大学出版社，1999.

[9] 于彤. 传感器原理及应用 [M]. 北京：机械工业出版社，2007.

[10] 何希才. 传感器及应用电路 [M]. 北京：电子工业出版社，2001.

[11] 王家祯，王俊杰. 传感器与变送器 [M]. 北京：清华大学出版社，1986.

[12] 王仲生. 智能检测与控制技术 [M]. 西安：西北工业大学出版社，2002.

[13] 蔡萍，赵辉. 现代检测技术与系统 [M]. 北京：高等教育出版社，2002.

[14] 刘灿军. 实用传感器 [M]. 北京：国防工业出版社，2004.

[15] 沙占友. 集成化智能传感器原理及应用 [M]. 北京：电子工业出版社，2004.